Wissenschaftliche Reihe Fahrzeugtechnik Universität Stuttgart

Reihe herausgegeben von

Michael Bargende, Stuttgart, Deutschland

Hans-Christian Reuss, Stuttgart, Deutschland

Jochen Wiedemann, Stuttgart, Deutschland

Das Institut für Fahrzeugtechnik Stuttgart (IFS) an der Universität Stuttgart erforscht, entwickelt, appliziert und erprobt, in enger Zusammenarbeit mit der Industrie, Elemente bzw. Technologien aus dem Bereich moderner Fahrzeugkonzepte. Das Institut gliedert sich in die drei Bereiche Kraftfahrwesen, Fahrzeugantriebe und Kraftfahrzeug-Mechatronik. Aufgabe dieser Bereiche ist die Ausarbeitung des Themengebietes im Prüfstandsbetrieb, in Theorie und Simulation. Schwerpunkte des Kraftfahrwesens sind hierbei die Aerodynamik, Akustik (NVH), Fahrdynamik und Fahrermodellierung, Leichtbau, Sicherheit, Kraftübertragung sowie Energie und Thermomanagement – auch in Verbindung mit hybriden und batterieelektrischen Fahrzeugkonzepten. Der Bereich Fahrzeugantriebe widmet sich den Themen Brennverfahrensentwicklung einschließlich Regelungs- und Steuerungskonzeptionen bei zugleich minimierten Emissionen, komplexe Abgasnachbehandlung, Aufladesysteme und -strategien, Hybridsysteme und Betriebsstrategien sowie mechanisch-akustischen Fragestellungen. Themen der Kraftfahrzeug-Mechatronik sind die Antriebsstrangregelung/Hybride, Elektromobilität, Bordnetz und Energiemanagement, Funktions- und Softwareentwicklung sowie Test und Diagnose. Die Erfüllung dieser Aufgaben wird prüfstandsseitig neben vielem anderen unterstützt durch 19 Motorenprüfstände, zwei Rollenprüfstände, einen 1:1-Fahrsimulator, einen Antriebsstrangprüfstand, einen Thermowindkanal sowie einen 1:1-Aeroakustikwindkanal. Die wissenschaftliche Reihe „Fahrzeugtechnik Universität Stuttgart" präsentiert über die am Institut entstandenen Promotionen die hervorragenden Arbeitsergebnisse der Forschungstätigkeiten am IFS.

Reihe herausgegeben von

Prof. Dr.-Ing. Michael Bargende
Lehrstuhl Fahrzeugantriebe
Institut für Fahrzeugtechnik Stuttgart
Universität Stuttgart
Stuttgart, Deutschland

Prof. Dr.-Ing. Hans-Christian Reuss
Lehrstuhl Kraftfahrzeugmechatronik
Institut für Fahrzeugtechnik Stuttgart
Universität Stuttgart
Stuttgart, Deutschland

Prof. Dr.-Ing. Jochen Wiedemann
Lehrstuhl Kraftfahrwesen
Institut für Fahrzeugtechnik Stuttgart
Universität Stuttgart
Stuttgart, Deutschland

Weitere Bände in der Reihe https://link.springer.com/bookseries/13535

Jianbin Liao

Generische automatische Applikation für die Vorentwicklung von Hybridgetrieben in Rapid-Prototyping-Umgebung

Jianbin Liao
IFS, Fakultät 7, Lehrstuhl für
Kraftfahrzeugmechatronik
Universität Stuttgart
Stuttgart, Deutschland

Zugl.: Dissertation Universität Stuttgart, 2021

D93

ISSN 2567-0042   ISSN 2567-0352   (electronic)
Wissenschaftliche Reihe Fahrzeugtechnik Universität Stuttgart
ISBN 978-3-658-36813-5   ISBN 978-3-658-36814-2   (eBook)
https://doi.org/10.1007/978-3-658-36814-2

Die Deutsche Nationalbibliothek verzeichnet diese Publikation in der Deutschen Nationalbibliografie; detaillierte bibliografische Daten sind im Internet über http://dnb.d-nb.de abrufbar.

Planung/Lektorat: Stefanie Eggert
Springer Vieweg ist ein Imprint der eingetragenen Gesellschaft Springer Fachmedien Wiesbaden GmbH und ist ein Teil von Springer Nature.
Die Anschrift der Gesellschaft ist: Abraham-Lincoln-Str. 46, 65189 Wiesbaden, Germany

Danksagung

Die vorliegende Arbeit entstand im Rahmen des Kooperationsprojekts „Promotionskolleg Hybrid" zwischen der Universität Stuttgart und der Daimler AG. Ohne die Unterstützung zahlreicher Personen hätte sie in dieser Form nicht realisiert werden können. Für die vielfältig erfahrene Hilfe möchte ich mich an dieser Stelle sehr herzlich bedanken.

Mein besonderer Dank gilt meinem Doktorvater Herrn Prof. Dr.-Ing. Hans-Christian Reuss, der durch seine Anregungen und Förderung entscheidenden Einfluss auf das Gelingen dieser Arbeit hatte.

Herr Professor Dr.-Ing. Ferit Küçükay hat durch seine wertvolle Kritik zum Gelingen der Arbeit beigetragen. Dafür und für seine Bereitschaft, den Mitbericht zu übernehmen, bedanke ich mich herzlich.

Ohne die Einsicht in die Notwendigkeit der generischen automatischen Applikation in der Getriebevorentwicklung wäre diese Arbeit nicht entstanden. Hier bedanke ich mich besonders bei Dr.-Ing. Carsten Gitt und Dr.-Ing. Klaus Riedl, welche die Kooperation mit der Universität Stuttgart seitens der Daimler AG eingeleitet und stets gefördert haben.

Allen meinen tollen Kollegen bei Daimler AG möchte ich auch meinen Dank aussprechen. Dies betrifft besonders Herrn Joachim Schröder, der mir seit der Betreuung meiner Masterarbeit immer wieder mit gutem Rat zur Seite steht. Durch sein großes Engagement, fachliche Hinweise, professionelles Lektorat und motivierende Gespräche hat er wesentlich zum erfolgreichen Abschluss der Arbeit beigetragen.

Zum Schluss bedanke ich mich meinen Eltern und meiner Frau für ihre Unterstützung und Verständnis. Meine Frau hat sogar ihre Karriere in China aufgegeben und kam nach Deutschland. Bei ihr möchte ich mich sehr herzlich bedanken.

Jianbin Liao

Inhaltsverzeichnis

Danksagung... V

Abbildungsverzeichnis..XI

Zusammenfassung... XVII

Abstract XXV

1 Einleitung 1
   1.1   Herausforderungen in der Antriebsvorentwicklung...................... 1
   1.2   Ziel und Aufbau der Arbeit.. 6

2 Stand der Technik 9
   2.1   Hybridelektrofahrzeuge 9
   2.2   Entwicklung der Funktionssoftware im Fahrzeug 12
       2.2.1   Übersicht über die elektronischen Fahrzeugsysteme 12
       2.2.2   Entwicklungsprozess der Software-Funktionen............. 15
       2.2.3   Rapid-Prototyping der Software-Funktionen................. 17
   2.3   Applikation 20
       2.3.1   Manuelle und automatische Applikation...................... 21
       2.3.2   Klassifizierung der automatischen
                 Applikationsmethoden 22
            2.3.2.1   Wissensbasierte Methoden............................... 22
            2.3.2.2   Wissensfreie Methoden.................................... 23
            2.3.2.3   Modellbasierte Methoden................................ 23
   2.4   Modellbasierte automatische Applikation................................ 24
       2.4.1   Sequenzielle und iterative modellbasierte
                 Applikation 25

2.4.2   Modellierung der Simulationsmodelle 27

2.4.2.1   Streckenmodell 27

2.4.2.2   Prozessmodell 29

3   Automatische Applikationsmethode 31

3.1   Applikation in der Rapid-Prototyping-Vorentwicklung 31

3.2   Vorhandene automatische Applikationsmethoden 33

3.3   Kernprozess der Applikationsmethode 36

4   Prozessmodell 39

4.1   Metamodellierung 39

4.1.1   Klassifizierung der Methoden zur Metamodellierung 39

4.2   Künstliche neuronale Netzwerke 41

4.3   Kriging-Modell 44

4.3.1   Korrelation 46

4.3.2   Maximum-Likelihood-Methode 49

4.3.3   Vorhersage des Kriging-Modells 52

4.3.4   Kriging-Regressionsmodell 53

4.3.5   Hyperparameter des Kriging-Modells 55

4.4   Vergleich der Metamodelle 58

4.4.1   Latin-Hypercube-Methode 59

4.4.2   Vorhersagegenauigkeit in Abhängigkeit der
          Datenmenge 60

4.4.3   Stabilität der Trainingsqualität 62

4.4.4   Robustheit gegenüber Störung 63

5   Adaptive Versuchsplanung 65

5.1   Grundlegende Strategien 65

5.2   Infill-Kriterien 67

5.2.1 Statistische Untergrenze.. 68

5.2.2 Verbesserungswahrscheinlichkeit............................... 69

5.2.3 Verbesserungserwartung.. 71

5.3 Modifizierte EI-Werte.. 73

5.4 Vergleich der modifizierten EI-Werte 75

6 Applikation der Abhängigkeitsfunktion 83

6.1 Erweiterte eGAA-Methode.. 84

6.1.1 Funktionsweise der erweiterten eGAA-Methode............ 84

6.1.2 Erweiterung mit Künstlichem Neuronalem Netzwerk.... 86

6.2 Modifizierte EI-Werte für die Abhängigkeitsfunktion 93

6.3 Penalty-Funktion... 96

7 Objektive Bewertungsmodelle... 101

7.1 Subjektive und objektive Bewertung 101

7.2 Kriging-Bewertungsmodell.. 104

7.2.1 Auswahl des Metamodells 104

7.2.2 Hilfspunkte für die Extrapolation................................. 104

7.3 Validierung des Kriging-Bewertungsmodells........................... 106

8 Anwendung der Applikationsmethode................................ 109

8.1 Versuchsaufbau... 109

8.1.1 Hybridgetriebekonzept mit Electrical Variable
Transmission Starting 109

8.1.2 Rapid-Prototyping-Umgebung...................................... 112

8.1.3 Implementierung der eGAA-Methode 113

8.1.4 Versuchsablauf.. 114

8.2 Versuchsszenarien... 115

8.3 Applikationsergebnisse... 117

8.3.1   Applikation der fehlerhaften Software........................ 117

8.3.2   Applikation mehrerer Abhängigkeitsfunktionen........... 119

9   Schlussfolgerung und Ausblick..**121**

Literaturverzeichnis 123

Abbildungsverzeichnis

Abbildung 1.1:   Der CO_2-Grenzwert in unterschiedlichen Regionen ab 2020 1

Abbildung 1.2:   Prognose über den Automobilmarkt bis 2030 bzgl. gesetzlichem Grenzwert der CO_2-Emissionen in 2050 3

Abbildung 1.3:   Marktanzahl von HEV, PHEV und BEV in China und EU 4

Abbildung 1.4:   Schematische Darstellung der Funktionsweise von Software-Rapid-Prototyping 6

Abbildung 2.1:   Schematische Darstellung der seriellen und parallelen Hybridkonzepte 10

Abbildung 2.2:   Schematische Darstellung der leistungsverzweigten Hybridkonzepte 11

Abbildung 2.3:   Blockdiagramm zur Darstellung eines elektronischen Systems 12

Abbildung 2.4:   Schematisches Beispiel von verteilten und vernetzten elektronischen Systemen [3] 13

Abbildung 2.5:   Zunahme der Komplexität der Steuergerät-Software im Automobil [4] 14

Abbildung 2.6:   V-Modell der Softwareentwicklung 15

Abbildung 2.7:   Schematische Darstellung der Aufteilung der Spezifikation 17

Abbildung 2.8:   Abkürzung zum Akzeptanztest durch Rapid-Prototyping 18

Abbildung 2.9:   Funktionsweise von Bypass-Rapid-Prototyping 19

Abbildung 2.10:   Funktionsweise von Fullpass-Rapid-Prototyping 20

Abbildung 2.11:   Manuelle Applikation vs. automatische Applikation 21

Abbildung 2.12:   Funktionsweise der sequenziellen & iterativen Applikation 25

Abbildung 2.13:   Verteilung der Versuchspunkte bei sequenzieller
und iterativer Methode 26

Abbildung 2.14:   Simulationsumfang der Streckenmodelle 28

Abbildung 2.15:   Simulationsumfang der Prozessmodelle 30

Abbildung 3.1:   Applikation in Serienentwicklung und
Vorentwicklung 31

Abbildung 3.2:   Kernprozess der effizienten generischen
automatischen Applikationsmethode 36

Abbildung 4.1:   Grundlegende Struktur des KNNs 41

Abbildung 4.2:   Forward-Propagation und Rückkopplung 42

Abbildung 4.3:   Unteranpassung und Überanpassung 43

Abbildung 4.4:   (a) Zufallskurven; (b) Zufallskurven mit Testdaten 45

Abbildung 4.5:   Stochastische Darstellung der Zufallskurven 46

Abbildung 4.6:   Korrelation zwischen einem bekannten und einem
unbekannten Testpunkt 48

Abbildung 4.7:   Überanpassung des Kriging-Modells aufgrund von
verrauschten Messdaten 54

Abbildung 4.8:   Kriging-Regressionsmodell für ein verrauschtes
eindimensionales System 55

Abbildung 4.9:   Korrelation bzgl. Parameterabstand bei
unterschiedlichen Potenzparametern 56

Abbildung 4.10:   Korrelation bzgl. Parameterabstand bei
unterschiedlichen Gewichtungsparametern 57

Abbildung 4.11:   2D- und 3D-Plot der Eggholder-Funktion 58

Abbildung 4.12:   Latin-Hypercube-Versuchsplanung 60

Abbildung 4.13:   Vorhersagegenauigkeit des Kriging-Modells und des
KNNs in Abhängigkeit von Menge der
Trainingsdaten 61

Abbildung 4.14:   Vergleich der Stabilität der Trainingsqualität 62

Abbildung 4.15:   Vergleich der Robustheit gegenüber Störungen bei
verschiedenen Störungsniveaus 64

Abbildung 5.1:   Suchverlauf der Strategie Vertiefung und Verbreiterung...66

Abbildung 5.2:   Die statistische Untergrenze mit variiertem Faktor α 68

Abbildung 5.3:   Suchverlauf mit dem Kriterium „statistische Untergrenze"...69

Abbildung 5.4:   Grafische Darstellung der Verbesserungswahrscheinlichkeit PI............................70

Abbildung 5.5:   Suchverlauf mit dem Kriterium Verbesserungswahrscheinlichkeit (PI).........................71

Abbildung 5.6:   Suchverlauf mit dem Kriterium Verbesserungserwartung (EI).....................................72

Abbildung 5.7:   Vergleich von Verbesserungswahrscheinlichkeit (PI) und Verbesserungserwartung (EI) 73

Abbildung 5.8:   Verschiedene Ersatzwerte für *ymin*...............................75

Abbildung 5.9:   Die Oberfläche der GP-Funktion....................................76

Abbildung 5.10:   Testergebnisse bei mittlerer Störung............................77

Abbildung 5.11:   Testergebnisse bei extremer Störung.............................78

Abbildung 5.12:   Verteilung der ersten 20 Versuchspunkte bei der adaptiven Versuchsplanung mit EI-Wert.......................79

Abbildung 5.13:   Verteilung der ersten 20 Versuchspunkte bei der adaptiven Versuchsplanung mit pEI-Wert....................80

Abbildung 5.14:   Verteilung der ersten 20 Versuchspunkte bei der adaptiven Versuchsplanung mit AEI-Wert....................81

Abbildung 6.1:   Struktur der Hybrid-Metamodelle....................................85

Abbildung 6.2:   Hybrid-Metamodell..87

Abbildung 6.3:   EI-Werte eines Kriging-Modells.......................................89

Abbildung 6.4:   Vergleich der Funktionsweise der stochastischen Algorithmen und der Hybrid-Algorithmen....................91

Abbildung 6.5:   Grundlegende Funktionsweise eines hybrid-genetischen Algorithmus...92

Abbildung 6.6:   Vergleich der Rechenzeit des genetischen
Algorithmus (GA) und des hybrid-genetischem
Algorithmus (HGA) 93

Abbildung 6.7:   Vergleich zwischen der statistischen Obergrenze
und Reinterpolation 95

Abbildung 6.8:   Ein Beispiel von Trade-off während des Trainierens
des Hybrid-Metamodells 96

Abbildung 6.9:   Penalty-Funktion für das Trainieren der Optimum-
Funktion 98

Abbildung 6.10: links – numerische Optima des aktuellen
Prozessmodells; rechts – pEI-Wert mit $x2v$ als
Optimum-KNN 99

Abbildung 6.11: Penalty-Funktion für das Trainieren von
$gKNN, srchv$ 100

Abbildung 7.1:   Metamodell-basierte Bewertungsmethode 103

Abbildung 7.2:   Hilfspunkte für das Trainieren des
Bewertungsmodells 105

Abbildung 7.3:   Validierungsergebnisse des Kriging-Modells als
Bewertungsmodell 106

Abbildung 7.4:   Validierungsergebnisse vom KNN als
Bewertungsmodell 107

Abbildung 8.1:   Schematische Darstellung des Hybridgetriebes beim
Anfahren 110

Abbildung 8.2:   Schematischer Ablauf des Anfahrvorgangs 111

Abbildung 8.3:   Zwei unterschiedlich applizierte EVTS-Vorgänge
bei identischer Fahrervorgabe 111

Abbildung 8.4:   Topologie des Rapid-Prototyping-Systems 112

Abbildung 8.5:   Implementierung der eGAA-Methode in der Rapid-
Prototyping-Umgebung 114

Abbildung 8.6:   Instabile Steuerungsqualität mit fehlerhafter
Software 116

Abbildung 8.7: Vergleich der Anfahrqualität des konstanten
Parametersatzes und der applizierten
Abhängigkeitsfunktion... 118

Abbildung 8.8: Verifizierungsergebnisse der applizierten
Abhängigkeitsfunktionen... 119

Zusammenfassung

Um die immer höheren Ansprüche an die Emissionen zu erfüllen, ist die Elektrifizierung des Fahrzeugantriebs ein vorherrschender Trend in der Automobilindustrie. In den kommenden Jahren sollen Elektrofahrzeuge und Hybridfahrzeuge eine wettbewerbsfähige Alternative zu den konventionellen Fahrzeugen darstellen. Angesichts der gegenwärtigen Vielfalt und der unklaren Zukunft des Fahrzeugantriebes werden große Herausforderungen an die Getriebevorentwicklung gestellt. Wegen dieser Diskontinuität der Märkte sammeln viele Automobilhersteller durch Innovationen in der Vorentwicklung umfangreiches technisches Know-how, um schnell auf die Marktveränderungen und den technischen Umbruch reagieren zu können.

Als eine wichtige Validierungsmethode in der Vorentwicklung gewinnt Software-Rapid-Prototyping immer mehr an Bedeutung. Ziel des Software-Rapid-Prototyping ist es nicht, ein marktfähiges Produkt zu entwickeln, sondern die Stärken und Schwächen einer Funktion, einer Technologie oder eines Antriebskonzepts in einer frühen Entwicklungsphase zu analysieren. Im Software-Rapid-Prototyping wird ein Experimentiersystem, zum Beispiel ein Prototyping-Steuergerät, in das vorhandene elektronische System eingefügt. Aufgrund der hohen Rechenleistung des Experimentiersystems kann die Software ohne hardware-spezifische Anpassung in höheren Programmiersprachen entworfen und durch den Code Generator automatisch in die auf dem Experimentiersystem ausführbare Form kompiliert werden. Über das Experimentiersystem können die neuen Funktionen im elektronischen System als zusätzliche Elemente eingesetzt werden, oder die vorhandenen Funktionen in den anderen Steuergeräten ersetzen. Damit können die neuen Funktionen direkt die Zielstrecke in der realen Welt steuern, wie zum Beispiel eine Komponente auf dem Prüfstand oder ein Versuchsfahrzeug auf der Teststrecke.

Mit dieser Methode kann die neue Funktionssoftware nach dem Entwurf sofort in der realen Umgebung getestet werden, um sie bezüglich ihrer Potenziale und Übereinstimmung mit dem Kundenwusch frühzeitig zu bewerten. Dies erhöht die Effizienz in der Vorentwicklung erheblich.

Für die richtige Bewertung der neu entwickelten Software ist ein wesentlicher Schritt notwendig, die Applikation. Die Softwareparameter müssen durch die Applikation richtig eingestellt werden, um die Potenziale der Softwarefunktionen zu realisieren. Gegenwärtig erfolgt die Parameterapplikation der Getriebesoftware hauptsächlich manuell durch Applikationsingenieure. Der grundlegende Vorgang wird durch den Zyklus „Testen - Bewerten - Parametrisieren" dargestellt. Auf Basis der subjektiven Wahrnehmung verstellen die Applikationsingenieure die Softwareparameter empirisch, bis das erwünschte Fahrverhalten erreicht wird.

Allerdings kann eine solche manuelle Applikation auf dem Prüfstand oder der Teststrecke zu kosten- und zeitaufwändig für die Vorentwicklung sein. Eine Verbesserungsmöglichkeit besteht darin, die Applikationsingenieure durch Software zu ersetzen und dadurch den Vorgang zu automatisieren. Statt subjektiver Wahrnehmung wertet die Applikationssoftware die objektiven Messdaten quantitativ aus. Auf Basis der objektiven Bewertung wählt die Software den Parametersatz für die nächsten Versuchsproben mit einer vorgegebenen Methode.

In den letzten Jahren wurden verschiedene Methode entwickelt, um die automatische Applikation zu realisieren. Die bestehenden Methoden konzentrieren sich jedoch hauptsächlich auf die Applikationsaufgaben in der Serienentwicklung. Viele Methoden erfordern tiefe Vorkenntnisse, um die Applikation eines spezifischen Zielsystems zu beschleunigen. Andere Methoden können verschiedene Aufgaben erledigen. Sie verwenden eine große Menge von Testdaten anstelle von Vorkenntnissen, um den optimalen Parametersatz herauszufinden.

In der Vorentwicklung steht die automatische Applikation vor ganz anderen Herausforderungen. Aufgrund der Fähigkeit zur schnellen Validierung mit Software-Rapid-Prototyping ist die Vorgehensweise in der Vorentwicklung typischerweise agil und iterativ. Nach dieser Vorgangsweise lassen sich die Entwicklungsaufgaben in mehreren Teilaufgaben unterteilen, die in unterschiedlichen Entwicklungszyklen separat validiert werden müssen. Diese Aufteilung reduziert die Komplexität der Applikationsaufgaben erheblich. Deshalb ist es möglich, die Aufgaben mit einem begrenzten Budget zu erledigen. Somit kann die iterative Entwicklung deutlich beschleunigt werden. Außerdem führt der Neuheitsgrad der Aufgaben bzw. der Systeme dazu, dass häufig keine Vorkenntnisse für die Applikationssoftware zur Verfügung stehen. Daraus ergeben sich die zwei wesentlichen Anforderungen an eine automatische Applikationsmethode in der Vorentwicklung: hohe Effizienz und Allgemeingültigkeit.

In dieser Dissertation wird eine neuartige Applikationsmethode gezielt für die Rapid-Prototyping-Vorentwicklung entwickelt. Diese Methode ermöglicht, dass die Applikationssoftware Kenntnisse über das zu applizierende System iterativ sammeln. Mit den gesammelten Informationen kann die Applikationssoftware ohne Vorkenntnissen die Parameter effizient applizieren.

Dieses Lernen während der Applikation erfolgt durch den Einsatz des Metamodells. Die Applikationssoftware leitet aus den Messdaten eine Bewertungsnote ab, um die Ansteuerungsergebnisse des getesteten Parametersatzes zu bewerten. Aus den getesteten Parametersätzen und deren Bewertungsnoten lässt sich ein Metamodell generieren. Das Metamodell approximiert die Zusammenhänge zwischen den Parametersätzen und den entsprechenden Bewertungsnoten durch mathematische Funktionen und sagt dadurch die Bewertungsnote für nicht getestete Parametersätze voraus.

An Anfang der automatischen Applikation testet die Applikationssoftware eine Reihe von unterschiedlichen Parametersätzen systematisch. Danach verfügt die Software über ausreichende Daten, um das initiale Metamodell zu erstellen. Auf Basis der Vorhersagen des Metamodells wählt die Software den Parametersatz für den nächsten Test online mit einer intelligenten Strategie aus, die als adaptive Versuchsplanung bezeichnet wird. Nach dem Test des Parametersatzes wird das Metamodell mit den neu gewonnenen Testdaten verfeinert und liefert neue Vorhersagen für die Auswahl des nächsten Parametersatzes. Dieser Zyklus wird wiederholt, bis die Stoppkriterien erfüllt sind.

Um diese Applikationsverfahren zu beschleunigen, muss das Metamodell eine hohe Vorhersagegenauigkeit mit begrenzten Testdaten erreichen können. Daher wird eine leistungsfähige Interpolationsmethode verwendet: das Kriging-Modell. Im Kriging-Modell werden die Bewertungsnoten der Parametersätze als normalverteilte Zufallsvariablen betrachtet. Es wird angenommen, dass die Korrelation zwischen den Normalverteilungen dieser Zufallsvariablen von den mathematischen Abständen der Punkte abhängig ist. Diese Annahme stimmt mit der menschlichen intuitiven Vermutung überein. Wenn ein Parametersatz im Test gut funktioniert, ist davon auszugehen, dass ein Parametersatz mit nur geringen Änderungen auch eine vergleichbare

Bewertungsnote bekommt. Somit hat dieser Parametersatz im Kriging-Modell eine Normalverteilung mit einem ähnlichen Mittelwert wie der getestete Parametersatz und einer kleinen Varianz. Im Gegensatz dazu ist es schwierig, die Bewertungsnote für einen ganz anderen Parametersatz genau vorherzusagen. Dementsprechend kann der Mittelwert der Verteilung dieses Parametersatzes sehr unterschiedlich sein, und die Varianz wird deutlich größer sein. Ausgehend von der Annahme der Abstandsabhängigkeit lässt sich die Normalverteilung der Bewertungsnote für einen beliebigen Parametersatz durch die Maximum-Likelihood-Methode bestimmen. In der Praxis wird der Mittelwert der Normalverteilung als vorhersagte Bewertungsnote verwendet.

Beim Einsatz in der Applikationssoftware in der Vorentwicklung hat das Kriging-Modell zwei wesentliche Vorteile gegenüber hochflexiblen Regressionsmodellen, wie beispielsweise künstlichen neuronalen Netzen. Zum einen kann das Kriging-Modell bereits eine überzeugende Modellqualität erreichen, wenn die Anzahl der verfügbaren Datenpunkte noch zu gering ist, um ein künstliches neuronales Netz auf das vergleichbare Qualitätsniveau zu trainieren. Die Modellqualität umfasst hierbei nicht nur die Vorhersagegenauigkeit, sondern auch die Reproduzierbarkeit des Modelltrainings und die Robustheit gegenüber Rauschen. In dieser Arbeit wurde ein detaillierter Vergleich dieser beiden Metamodelle vorgenommen, indem mehrere Testfunktionen mit begrenzten Testdaten approximiert wurden.

Zum anderen bietet das Kriging-Modell eine Abschätzung der Vorhersageunsicherheit, die aus der Varianz der Normalverteilung berechnet wird. Diese zusätzliche Information ermöglicht eine effiziente und robuste adaptive Versuchsplanung.

Die adaptive Versuchsplanung stellt die intelligente Strategie dar, mit der das Gleichgewicht zwischen zwei grundlegenden Strategien erreicht wird: Vertiefung und Verbreiterung. Die Vertiefung wählt immer den optimalen Parametersatz basierend auf der Vorhersage des aktuellen Kriging-Modells aus und überprüft seine Leistung im Test, um die lokale Vorhersagegenauigkeit zu verbessern. Mit einer solchen Strategie wird eine schnelle Konvergenz zu einem Optimum ermöglicht, das sich allerdings als lokales Optimum erweisen kann. Die Verbreiterung konzentriert sich auf den unsichersten Punkt, um wichtige fehlende Informationen aufgrund der ungleichmäßig verteilten Datenpunkten zu vermeiden. Dadurch verbessert die Verbreiterung die globale Vorhersagegenauigkeit des Kriging-Modells und garantiert die Konvergenz zum globale Optimum, jedoch auf Kosten der Konvergenzgeschwindigkeit.

Um das globale Optimum schnell anzunähern, muss der Schwerpunkt der adaptiven Versuchsplanung je nach Situation ständig zwischen Vertiefung und Verbreiterung variieren. Eine mögliche Methode zur Realisierung einer derartigen adaptiven Versuchsplanung besteht darin, den Parameter abhängig von der sogenannten Verbesserungserwartung auszuwählen.

Wie oben erwähnt, betrachtet das Kriging-Modell die Bewertungsnoten als normalverteilte Zufallsvariablen. Nach ihren Verteilungen hat jeder Parametersatz immer Potenzial, eine bessere Bewertungsnote als das aktuelle Optimum zu erreichen. Dieses Potential kann durch den Erwartungswert der möglichen Verbesserung gegenüber dem aktuellen Optimum evaluiert werden. Dieser Erwartungswert wird als Verbesserungserwartung (EI-Wert, Expected Improvment) bezeichnet.

Mit Hilfe des EI-Werts wird sich die Applikationssoftware nicht ständig im Bereich mit den optimalen Bewertungsnoten vertiefen. Die Unsicherheit in diesem Bereich reduziert sich während der Vertiefung weiter, und die EI-Werte auch. Zu diesem Zeitpunkt können höhere EI-Werte in einigen anderen unbekannten Bereichen mit höherer Unsicherheit gefunden werden, trotz der schlechteren Bewertungsnote dort. Unter Führung des EI-Werts wird die Applikationssoftware die Suchrichtung ändern, um einen anderen potentiellen Bereich zu explorieren. Auf dieser Weise wird die adaptive Versuchsplanung nicht in einem lokalen Optimum gefangen und das globale Optimum kann effizient erreicht werden.

Diese automatische Applikationsmethode hat großes Potenzial, die Effizienz der Softwareentwicklung in der Vorentwicklung zu verbessern. Allerdings muss diese Methode noch zwei Herausforderungen unter realen Bedingungen bewältigen.

Die erste Herausforderung besteht in den unvermeidbaren Störungen und dem Rauschen in den Messdaten. In der Berechnung des EI-Werts spielt das aktuelle Optimum eine wesentliche Rolle. Wenn das aktuelle Optimum wegen Messstörungen überschätzt wird, kann die adaptive Versuchsplanung in eine ganz falsche Richtung geführt werden. Im Gegensatz dazu führt die Unterschätzung nur zu einer erhöhten Tendenz zur Vertiefung. Daher sollte das aktuelle Optimum in der Berechnung eher unterschätzt als überschätzt werden. Zu diesem Zweck kann das Kriging-Modell erweitert werden, um das mögliche Störungsniveau in den Testdaten abzuschätzen. Damit kann die Applikationssoftware eine modifizierte Bewertungsnote berechnen, um die Möglichkeit einer Überschätzung deutlich zu reduzieren. In dieser Arbeit werden verschiedene Modifikationsmethoden diskutiert und in Computerexperimenten validiert.

Die zweite Herausforderung in der Praxis sind die Abhängigkeiten von Zustandsvariablen. In vielen Anwendungsfällen in der Vorentwicklung müssen die Softwareparameter in Abhängigkeit von Zustandsgrößen wie zum Beispiel Fahrpedalstellung oder Getriebeöltemperatur variieren, um in allen Situationen eine gute Ansteuerungsqualität zu erreichen. Die automatische Applikationssoftware muss ihre Kapazität erweitern, um diese Abhängigkeiten zu optimieren.

Eine mögliche Erweiterung besteht darin, die Abhängigkeiten mit vereinfachten Funktionen wie Polynomfunktionen anzunähern und dann die Parameter der gewählten Funktionen zu applizieren. Allerdings ist es schwierig, eine geeignete Wahl dieser Funktion sicherzustellen, wenn nur sehr wenig Wissen und Erfahrung vorhanden sind. Um eine zuverlässige Applikationsqualität für verschiedene Aufgaben zu erhalten, können hochflexiblen Funktionen als Abhängigkeitsmodell zur Approximation der beliebig komplexen Zusammenhänge zwischen den Softwareparametern und den Zustandsgrößen zum Einsatz kommen.

In dieser Arbeit wird ein künstliches neuronales Netz als Abhängigkeitsmodell in der Applikationssoftware hinzugefügt. Je nach Zustandsgröße wählt das Abhängigkeitsmodell die entsprechenden Softwareparameter aus, die dann im Kriging-Modell evaluiert werden, um die vorhersagte Bewertungsnote oder den EI-Wert zu erhalten.

Während der adaptiven Versuchsplanung wird das Applikationsmodell so trainiert, dass es bei beliebigen Zustandsgrößen den EI-Wert maximiert. Anschließend wird dieses trainierte Applikationsmodell ins Experimentiersystem übertragen. Dadurch kann das Applikationsmodell bei den nächsten Versuchen die zu testenden Parametersätzen entsprechend der aktuellen Zustandsgröße online ermitteln. Wenn keine signifikante Verbesserung in der adaptiven Versuchsplanung zu erwarten ist, wird das Abhängigkeitsmodell trainiert, um für alle Zustandsvariablen die bestmöglichen Bewertungsnoten zu erzielen. Dieses Abhängigkeitsmodell stellt die optimalen Abhängigkeiten dar und wird als Ergebnis der automatischen Applikation übernommen.

Die vorgestellte automatische Applikationsmethode wurde in mehreren verschiedenen Applikationsaufgaben eingesetzt, um ihre Allgemeingültigkeit und Effizienz zu evaluieren. Diese Arbeit zeigt ein konkretes Anwendungsbeispiel in der Vorentwicklung eines Hybridantriebskonzepts.

In diesem Hybridantriebskonzept wird eine als elektrodynamisches Anfahren bezeichnete Funktionalität entwickelt, um das dynamischen Anfahrverhalten zu verbessern. Beim elektrodynamischen Anfahren werden der Elektromotor und der Verbrennungsmotor gleichzeitig betrieben und die Leistung beider Quellen über ein Planetengetriebe kombiniert. Ein derartiger Anfahrvorgang erfordert eine sehr gute Koordination der abgegebenen Drehmomente zwischen Verbrennungsmotor und Elektromotor, die nur durch eine sehr gute Applikation erreicht werden kann. Zur Verbesserung der Anfahrqualität in unterschiedlichen Situationen werden mehrere relevante Parameter als Abhängigkeitsfunktionen der Fahrpedalposition appliziert.

Um das Potenzial der automatischen Applikationsmethode zu evaluieren, werden zwei typische Anwendungsszenarien in der Vorentwicklung emuliert. Im ersten Szenario kann der elektrodynamische Anfahrvorgang keine stabile Anfahrqualität erreichen, da die Funktionssoftware noch nicht ihren optimalen Zustand erreicht hat. Im zweiten Szenario werden aufgrund des Mangels an Vorkenntnisse mehr Abhängigkeitsfunktionen als notwendig zum Applizieren gewählt.

Die Ergebnisse in diesen beiden Testszenarien zeigen ein vielversprechendes Potenzial dieser Methode für den Einsatz in der Vorentwicklung. Im ersten Testfall kann die applizierte Funktionssoftware noch keine stabile Ansteuerungsqualität erreichen, zeigt aber dennoch eine deutliche Verbesserung in der statistischen Auswertung. Daraus ergibt sich, dass diese Methode hohe Robustheit gegenüber zufälligen Störungen hat. Darüber hinaus können derartige Ergebnisse die Softwareentwickler darauf hinweisen, dass die Funktionssoftware optimiert werden muss. Im zweiten Testfall wird das Anfahrverhalten nach der Applikation in allen Situationen deutlich verbessert.

Zusammenfassend lässt sich sagen, dass die in dieser Arbeit vorgestellte automatische Applikationsmethode die Anforderungen nach hoher Effizienz und Allgemeingültigkeit in der Vorentwicklung mit Software-Rapid-Prototyping erfüllen kann.

Abstract

The electrification of the vehicle powertrain is currently a prevailing trend in the automotive industry in order to meet the ever-stricter emission limitation. In the upcoming years, electric and hybrid vehicles will be a competitive alternative to conventional ones. Considering the ever-increasing diversity and the unclear future of the vehicle powertrain, major challenges are being posed to the automotive industry. Many automobile manufacturers are collecting extensive technical know-how through innovations in the advance development in order to react quickly to market changes and technical developments.

As an important method of validation in the advance development, software rapid prototyping is gaining increasing significance. The goal of software rapid prototyping is not to develop a marketable product, but to analyse the strength and weaknesses of a function, a technology or a powertrain concept at an early development stage. In this method, the developers add an experimental system, such as a prototyping control unit, into an existing electronic system. Due to the high performance of this experimental system, the functions developed in higher programming language can be easily compiled into the executable program in the experimental system, without hardware-oriented adaptation. Through this experimental system, the new functions can integrate into the electronic system as new elements, or replace the existing functions in the other controllers. In this way, the newly developed functions are able to control the target system in the real world, such as a component on the test bench, or a test vehicle on the test field.

With this method, the developers can test the new functions immediately after the design and evaluate them in terms of their potential and conformity with the customer's needs directly under the real world conditions. That improves the efficiency of the advance development significantly.

To evaluate newly developed functions properly, there is still an essential step: the calibration process. The parameters of the new functions must be adjusted correctly in order to realize the true potential of the functions. This adjustment process is known as calibration. Currently, calibration engineers complete the most of calibration tasks manually with the cycle "Testing -

Evaluating - Parameterizing". Based on the subjective perception during the test, the engineers adjust the software parameters empirically until the achievement of the desired behavior.

However, such manual calibration process on the test bench or the test field can be too expensive and time-consuming for the advance development. One possibility for efficiency improvement is to replace the calibration engineers with calibration software and thereby automate the process. Instead of subjective perception, the software evaluates the objective measurement data quantitatively. Based on the objective evaluation, the software selects the parameters for the next test using a given method.

In recent years, various methods have been developed to automate the calibration. However, the existing automatic calibration methods focus mainly on the calibration tasks in series development. Many methods demand deep prior knowledge to boost the efficiency in calibrating a specific target system. Many other methods are competent for various tasks by using a large amount of test data instead of prior knowledge to obtain the optimal parameter set.

In the advance development, the automatic calibration faces quite different challenges. Because of the capacity of rapid validation by using software rapid prototyping, the development process in the advance development is usually agile and iterative. According to such process, the development tasks can be divided into a number of subtasks, which need to be validated separately in different development cycles. This division reduces the task complexity in calibrating significantly. Hence, these tasks are expected to be accomplished on a limited budget, so that the iterative development can be accelerated greatly. Meanwhile, prior knowledge is usually not available for the calibration software because of the novelty of the tasks and the systems. Therefore, the requirements on automatic calibration method in advance development can be summed up as high efficiency and generic usability.

A novel automatic calibration method is introduced in this thesis in order to fulfill the requirements in the advance development. This method allows the calibration software to gather information about the target system from the measurement data iteratively. By using the collected information, the calibration software can adjust the parameters efficient and target-oriented without prior knowledge.

This learning capability of the calibration software results from the use of meta-model. The calibration software derives an evaluation score from measurement data to evaluate the performance of the tested parameter set. Then, the calibration software generates a meta-model from the tested parameter sets and their scores. The meta-model describes the relationship between the parameter sets and the corresponding evaluation scores through mathematical functions, so that it is able to predict the evaluation scores that the untested parameter sets can achieve.

At the beginning of the automatic calibration procedure, the calibration software tests a certain number of different parameter sets systematically. Then, the calibration software has enough data to build the initial meta-model. Based on predictions of the meta-model, the software selects the parameter set for the next test online using an adaptive sampling strategy. After the test of the selected parameter set, the meta-model is refined with the new coming test data and provides new predictions for the selection of the next parameter set. This calibration cycle is repeated until the stop criteria are finally satisfied.

In order to accelerate this procedure, the meta-model must be able to achieve high prediction accuracy with limited test data. Therefore, a powerful method of interpolation, the Kriging model, is used in this calibration method. In the Kriging model, the evaluation scores of the parameter sets are considered as normally distributed random variables. The correlation between the normal distributions of these evaluations scores is assumed to depend on the mathematic distances between the parameter sets. This assumption agrees with the human intuitive predictions. If a parameter set works well in the test, it is reasonable to assume that a parameter set with only slight changes should also show the performance at a comparative level. In Kriging model, this parameter set with slight changes has thus the normal distribution with a closed mean value as the tested one and its variance should be small. In contrast, it is difficult to predict the score for a quite different parameter set confidently. Correspondingly, the distribution of this parameter set might have a quite different mean value in Kriging model, and the variance should be significantly greater. Based on this assumption of the distance dependency, the normal distribution of the evaluation score for any parameter set can be determined by the maximum likelihood method. In practice, the mean value of the normal distribution is used as the predicted evaluation score.

When applied in the calibration software in the advance development, the Kriging model has two major advantages over highly flexible regression models, such as artificial neural networks. First, the Kriging model can already achieve convincing model quality, while the number of available data points is still too small to train an artificial neural network to the comparable quality level. The model quality includes not only prediction accuracy, but also reproducibility of model training and robustness against noise. In this thesis, a detailed comparison of these two meta-models was made by approximating several test functions with limited test data.

Furthermore, the Kriging model provides an estimate of the prediction uncertainty, which is calculated from the variance of the normal distribution. This additional information allows an efficient and robust adaptive sampling.

Adaptive sampling represents the smart strategy, which achieves balance between two basic sampling strategies: exploitation and exploration. Exploitation selects the optimal parameter set based on the prediction of the current Kriging model and verifies its performance to improve the local prediction accuracy. Thus, exploitation allows rapid convergence towards an optimum, which may turn out to be a local optimum. In contrast, exploration puts emphasis on sampling the most uncertain point to avoid missing important information due to the unevenly distributed sampling points. In this way, exploration enhances the global prediction accuracy of the Kriging model and guarantees the convergence to the global optimum, but at the cost of speed of convergence.

In order to approach the global optimum rapidly, the emphasis of the adaptive sampling needs to keep varying between exploitation and exploration wisely according to the situation. One possible method to enable such adaptive sampling is to select the parameter set depending on the potential of improvement.

As mentioned above, the Kriging model regards the evaluation scores as normally distributed random variables. According to their distributions, each parameter set always has potential to achieve a better score than the current optimum. This potential can be estimated using the expected value of the possible improvement over the current optimum, which is referred to as expected improvement.

With the help of expected improvement, the calibration software will not keep exploiting the area with the optimal predicted scores. The uncertainty in the area keeps reducing during exploiting and the expected improvement value too. At this time, higher expected improvement values might be found in some other unknown areas with higher uncertainty, despite the worse predicted evaluation scores there. Led by expected improvement, the calibration software will change direction to explore the other potential area. In this way, the adaptive sampling will not be trapped in a local optimum and the global optimum can be achieved efficiently.

This automatic calibration method has clear potential to improve the efficiency of the software development in advance development. However, this method still has to overcome two challenges when used under the real world conditions.

The first challenge is the inevitable measurement errors and noises in the test data. In the calculation of the expected improvement value, the current optimal evaluation score plays an essential role. When the current optimal score is overestimated because of measurement errors, the adaptive sampling may go completely in a wrong direction. In contrast, the underestimation results only in increased tendency of exploitation. Thus, the optimal score used in the calculation should be rather underestimated than overestimated. For this purpose, the Kriging model can be extended to estimate the possible error level in the test data. The software then calculates a modified score with the estimated possible errors in order to reduce the possibility of overestimation significantly. In this thesis, several modification methods are discussed and compared in computer experiments.

The other challenge is the dependencies on state variables. In many use cases in advance development, the software parameters must vary depending on state variables, such as accelerator pedal position or transmission oil temperature, in order to achieve good control quality in all situations. Therefore, the automatic calibration method need to expand its capacity to calibrate these dependencies.

One potential expansion is to approximate the dependencies with simplified functions, such as polynomial functions, and then calibrate the parameters of the chosen functions. However, it is difficult to ensure an appropriate choice of the function, especially when there is very little knowledge and experience available. In order to obtain reliable calibration quality in various tasks, highly flexible functions can be used as the dependency model to approach arbitrarily complex relationships between the software parameters and the state variables.

In this thesis, an artificial neural network is added as dependency model into the calibration software. The dependency model selects the parameter set according to the state variables and the parameter set is then evaluated in the Kriging model to obtain the predicted evaluation score or the expected improvement value.

During the adaptive sampling, the dependency model is trained to maximize the expected improvement value from Kriging model for arbitrary state variables. Then, this trained dependency model is transferred into the experimental controller, so that it can determine the software parameters according to the current state variable during the next tests. If no significant improvement in adaptive sampling is to be expected, the dependency model is trained to achieve the best possible scores for all state variables. This dependency model is adopted as the result of the automatic calibration.

The introduced automatic calibration method has been applied in several various calibration tasks to validate its generic usability and high efficiency. This thesis shows a specific application example in the advance development of a hybrid powertrain concept.

In the hybrid powertrain concept, a functionality named electrodynamic launching is developed to improve the dynamic behavior in driving-off. During the electrodynamic launching, the electric motor and the internal combustion engine are operated simultaneously and the power from both sources is combined by means of a planetary gear set. Such a drive-off process requires a very good coordination of the delivered torques between the combustion engine and the electric motor, which can only be achieved through a very good calibration. To improve the driving-off quality in different situations, several relevant parameters are calibrated as dependency functions of the accelerator pedal position.

In order to evaluate the potential of the automatic calibration method, two typical application scenarios in advance development are emulated. In the first scenario, the electrodynamic launching cannot achieve stable driving-off quality because the function software in experimental controller has not reached its optimal state. In the second scenario, more dependency functions than necessary are chosen to calibrate because of lack of prior knowledge.

The results in these two test scenarios show a promising potential of this method for application in advance development. In the first test case, the calibrated function software still cannot achieve stable controlling quality, but it shows a significant improvement in the statistical analysis. It follows that this method has a high level of robustness against random disturbances. In addition, such results may indicate the software developers that the function software probably needs to be optimized. In the second test case, the driving-off behavior is improved in all situations dramatically after calibration.

In conclusion, the automatic calibration method proposed in this thesis meet the requirements for high efficiency and generic usability in the advance development with software rapid prototyping.

1 Einleitung

1.1 Herausforderungen in der Antriebsvorentwicklung

Kraftfahrzeuge werden als das wichtigste Transportmittel für individuelle Mobilität betrachtet. Die Gesamtanzahl der Kraftfahrzeuge auf der Welt ist bereits im Jahr 2015 auf 1,28 Milliarden gestiegen[1]. Die Energie für diese Mobilität des modernen Menschen wird überwiegend durch die Verbrennung fossiler Ressourcen bereitgestellt. Allerdings erzeugt die Verbrennung nicht nur Energie, sondern auch Treibhausgase und Schadstoffe, beispielsweise NOx und Feinstaub. Wegen der hohen Anzahl der Kraftfahrzeuge belasten diese Emissionen die Umwelt erheblich.

Abbildung 1.1: Der CO_2-Grenzwert in unterschiedlichen Regionen ab 2020

Zur Reduktion der Umweltbelastung wird steigender Druck auf die Automobilhersteller ausgeübt. Als Beispiel wird die Gesetzgebung hinsichtlich des erlaubten CO_2-Ausstoßes herangezogen. In Abbildung 1.1 werden die ge-

---

[1]Quelle: Statista - "Anzahl registrierter Kraftfahrzeuge weltweit in den Jahren 2005 bis 2015 (in 1.000)."

Springer Fachmedien Wiesbaden GmbH, ein Teil von Springer Nature 2022
J. Liao, *Generische automatische Applikation für die Vorentwicklung von Hybridgetrieben in Rapid–Prototyping–Umgebung*, Wissenschaftliche Reihe Fahrzeugtechnik Universität Stuttgart, https://doi.org/10.1007/978-3-658-36814-2_1

setzlich fixierten Grenzwerte der CO_2-Flottenemission für Pkw in unterschiedlichen Regionen gezeigt.

Die strengste Beschränkung ist in der EU vorgesehen. Die erlaubte Flottenemission wird im Jahr 2020 von 130 g/km (seit 2012) auf 95 g/km reduziert. Darüberhinausgehende Verschärfungen sind in Diskussion. Im weltgrößten Automobilmarkt China fordert der Gesetzgeber mit 27 % eine genauso starke Absenkung wie die EU, von 161 g/km auf 117 g/km im Jahr 2020.

Um die immer höheren Anforderung hinsichtlich Emission zu erfüllen, wenden sich viele Automobilhersteller einer neuen Energiequelle zu: der Elektrizität. Wenn ein Fahrzeug rein elektrisch angetrieben wird, wird es als Elektrofahrzeug (EV, engl. Electric Vehicle) bezeichnet. Ein ausgeprägtes Merkmal der Elektrofahrzeuge ist, dass sie keine lokalen Emissionen erzeugen. Bei Verwendung von Ökostrom kann ein EV sogar die Well-to-Wheel-Emission auf null reduzieren, d.h. von Gewinnung und Bereitstellung der Antriebsenergie bis zur Umwandlung in kinetische Energie am Rad wird kein CO_2 erzeugt. Deshalb können EVs einen signifikanten Beitrag zur Reduzierung der Flottenemission leisten.

Allerdings haben Elektrofahrzeuge die notwendige technische Reife noch nicht erreicht, um die konventionellen Fahrzeuge vollständig zu ersetzen. Beispielsweise kann die Energiedichte aktueller Batterien noch nicht eine den konventionellen Fahrzeugen vergleichbare Reichweite erzielen. Die langen Ladevorgänge und wenigen Lademöglichkeiten unterwegs machen das „Tanken" des EVs zu einer herausfordernden Aufgabe.

Aus diesen Gründen werden die Kombination von Verbrennungs- und Elektromotor, Hybridantriebe, entwickelt. Durch diese Kombination können die Emissionen im Vergleich zu den konventionellen Fahrzeugen deutlich reduziert werden. Zugleich wird die mangelnde Performance des Elektromotors bei Reichweite und Nachladen durch die Unterstützung des Verbrenners kompensiert. Abhängig vom Beitrag des Elektromotors zur Fahrleistung können die Hybridantriebe weiter in Micro-, Mild-, Full- und Plug-In-Hybrid unterteilt werden.

Alle dargestellten Antriebsvarianten, von Micro-Hybrid bis rein elektrisch, sollen in den kommenden Jahren zu wettbewerbsfähigen Alternativen zu den konventionellen Fahrzeugantrieben mit Verbrennungsmotoren werden. Allerdings unterscheiden sich ihre technischen Realisierungen deutlich. Somit liegt eine Diskontinuität in der technologischen Entwicklung vor.

In dieser Situation wirft die Diskontinuität für die Automobilhersteller eine Frage auf: zu welchem Zeitpunkt und für welche Technologie soll Forschung verstärkt betrieben werden?

Allerdings lässt sich derzeitig ein strategisches Ziel schwer definieren, weil der Übergang in die zukünftige Mobilität noch unsicher bleibt und sehr veränderlich sein kann. Hierbei spielen die gesetzlichen Rahmenbedingungen eine entscheidende Rolle, die viel stärkere Auswirkungen als technische Aspekte haben können.

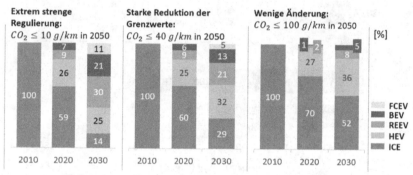

FCEV: Fuel Cell Electric Vehicle; BEV: Battery Electric Vehicle; REEV: Range Extend Electric Vehicle
HEV: Hybrid Electric Vehicle; ICE: Internal Combustion Engine

Abbildung 1.2: Prognose über den Automobilmarkt bis 2030 bzgl. gesetzlichem Grenzwert der CO_2-Emissionen in 2050

In Abbildung 1.2 wird eine Prognose von McKinsey & Company [1] gezeigt. Hier werden drei Szenarien mit unterschiedlichem gesetzlichen Druck auf die Automobilhersteller angenommen. Wenn die gesetzlichen Grenzwerte der Fahrzeugemissionen nur geringfügig reduziert werden, können nur die Hybridvarianten einen beträchtlichen Marktanteil erzielen. Je strenger die regulatorischen Anforderungen werden, desto mehr wird der Automobilmarkt elektrifiziert.

Diese Auswirkung der gesetzlichen und politischen Rahmenbedingungen wurde bereits in der realen Welt bewiesen: Im Vergleich zur EU fördert die chinesische Regierung die Elektrifizierung des Fahrzeugs viel aggressiver durch zahlreiche Maßnahmen wie beispielsweise starke Subventionen und die Vorzugspolitik für die Entwickler und Käufer von Plug-In Hybriden und EVs.

Infolgedessen ist ein großer Unterschied zwischen China und der EU in Bezug auf die Marktanteile von Hybridelektrofahrzeugen, Plug-In-HEV (PHEV) und batterieelektrischen Fahrzeugen zu beobachten, wie in Abbildung 1.3 gezeigt.

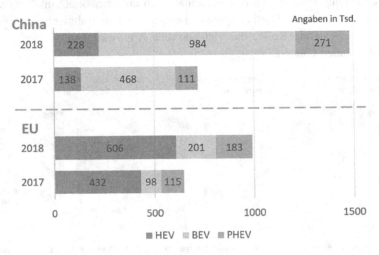

Abbildung 1.3: Marktanzahl von HEV, PHEV und BEV in China[23] und EU[4]

Die Hersteller stehen vor dem größten Umbruch seit der Erfindung des Automobils. In dieser Situation gewinnt die Vorentwicklung immer mehr an Bedeutung. Unter Vorentwicklung versteht man die Vorbereitung für die Serienentwicklung. Hierbei werden neue, innovative Ideen gesammelt, bewertet und auf ihre Umsetzbarkeit geprüft.

---

[2]Quelle: China Association of Automobil Manufacturers, CAAM & Open-Source-Datenbank

[3]Die chinesische Regierung klassifiziert HEV nicht in die Kategorie „New Energy Vehicle" (NEV). Keine offizielle Statistik über den Absatz des HEVs werde gefunden. Die Absätze des HEVs in der Abbildung sind die Summe der Absätze von den HEVs aus Open-Source-Datenbanken

[4]Quelle: European Automobile Manufacturers' Association, ACEA

Wegen der veränderlichen Zukunft und der möglichen Diversität der Märkte müssen die Automobilhersteller durch die Vorentwicklung technisches Know-how sammeln, um damit auf den potenziellen technischen Umbruch reagieren zu können.

Zur Erhöhung der Effizienz sollten innovative Ideen bereits in einer frühen Vorentwicklungsphase bewertet werden, idealerweise in der realen Welt. Die frühe Bewertung kann zwei Vorteile bringen:

Der erste ist, dass die Technologien bezüglich ihrer Potenziale und der Übereinstimmung mit dem Kundenwusch und der Unternehmensstrategie frühzeitig bewertet werden können. Dadurch kann die Vorentwicklungskapazität des Unternehmens gezielter und effizienter eingesetzt werden. Außerdem ist die frühe Erkennung von Fehlern in der technischen Umsetzung ein Erfolgsfaktor. Damit wird die Vorentwicklung beschleunigt und die Anzahl an Rekursionsschleifen wird reduziert.

Rapid-Prototyping stellt eine leistungsfähige Methode dar, die eine frühzeitige Validierung in der realen Welt ermöglicht. Rapid-Prototyping bezieht sich nicht nur auf die schnelle Herstellung von Musterbauteilen aus Konstruktionsdaten, sondern auch auf die schnelle Inbetriebnahme von Software zur Steuerung echter Systeme, ohne die hardware-spezifische Implementierung zu berücksichtigen.

Die grundlegende Funktionsweise von Software-Rapid-Prototyping wird in Abbildung 1.4 schematisch dargestellt.

Bei Software-Rapid-Prototyping wird ein externes Experimentiersystem zum Einsatz gebracht. Das Experimentiersystem, wie beispielsweise ein Steuergerät-Prototyp wie dSPACE MicroAutoBox oder ein Laptop, verfügt über eine deutlich höhere Rechenleistung als das Steuergerät. Die in einer hohen Programmiersprache entwickelte Software kann zudem direkt in eine ausführbare Form kompiliert werden. Über die Rapid-Prototyping-Werkzeuge kann das Experimentiersystem ins elektronische System integriert werden und dann ein Steuergerät ersetzen oder ein Steuergerät bzw. einen Teil davon überbrücken. Auf diese Weise kann die neu entwickelte Software auf die notwendigen Signale zugreifen und die Steuergrößen zu den Aktuatoren schicken. Damit kann die Software die Strecke in der realen Welt direkt steuern.

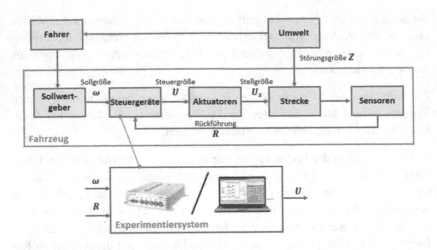

Abbildung 1.4: Schematische Darstellung der Funktionsweise von Software-
Rapid-Prototyping

Für die Bewertung der neu entwickelten Software fehlt noch ein Schritt: die
Softwareparameter müssen korrekt eingestellt werden, um das Potenzial der
Software-Funktionen optimal zu realisieren. Dieser Schritt wird in der Au-
tomobilindustrie als Applikation bezeichnet. Gegenwärtig wird die Applika-
tion zumeist manuell von Experten durchgeführt. Diese Vorgehensweise
erfordert nicht nur ein hohes Maß an Expertenwissen, sondern auch hohen
Zeitaufwand. Die Effizienz der Applikation kann deshalb einen Engpass im
Vorentwicklungsprozess darstellen.

1.2   Ziel und Aufbau der Arbeit

Mit Zunahme der verfügbaren Rechenleistung ist in der Serienentwicklung
ein klarer Trend hin zu automatischer Applikation zu erkennen. Viele automatische Applikationsmethoden wurden entwickelt und in der Serienapplikation implementiert. Diese automatischen Methoden können die Effizienz der
Serienapplikation signifikant erhöhen. Um die Anwendungsfälle in der Vorentwicklung in der Rapid-Prototyping-Umgebung besser anzupassen, wird

eine neue effiziente generische automatische Applikationsmethode (eGAA) etabliert.

Die ausgeprägten Merkmale der Methode eGAA sind hohe Effizienz und gute Allgemeingültigkeit. Während der Applikation baut eGAA ein Modell auf, um die Kenntnisse über die zu applizierenden Systeme durch Systemidentifikation zu erwerben. Einerseits befreit diese Lernfähigkeit die Methode von der Abhängigkeit von Expertenwissen und erlaubt den Einsatz für verschiedene Applikationsaufgaben ohne aufgabenspezifische Einstellung. Andererseits werden die gelernten Kenntnisse während der Applikation schon zum Einsatz gebracht. Dadurch kann die Methode eGAA die optimalen Parameter zielorientiert und effizient ermitteln.

Außerdem wird in dieser Dissertation eine Hybrid-Metamodell-Struktur entwickelt. Mit dieser Struktur ist es möglich, die Parameter in Abhängigkeit von Zustandsgrößen wie Temperatur oder Motorauslastung zu applizieren.

In dieser Arbeit werden zunächst in Kapitel 2 die notwendigen Hintergrundkenntnisse vorgestellt, beispielsweise über Hybridantriebskonzepte, elektronische Systeme und die Entwicklung von Software-Funktionen. Darüber hinaus werden die vorhandenen automatischen Applikationsmethoden in der Serienentwicklung klassifiziert und analysiert. Besondere Aufmerksamkeit wird dabei der modellbasierten Methode gewidmet.

Darauf folgt die Diskussion über die Anforderungen der Applikation in der Vorentwicklung in Kapitel 3. Mit der Darstellung der Vorgehensweise der neu etablierten Methode wird verdeutlicht, wie die vorliegenden Anforderungen erfüllt werden können.

2 Stand der Technik

Im Folgenden werden Grundlagen zur Formulierung und Lösung von Applikationsaufgaben während der Vorentwicklung von Getriebesoftware erläutert. Zunächst werden einige fundamentale Betrachtungen zu Hybridelektrofahrzeugen angestellt. Anschließend wird der gegenwärtige Entwicklungsprozess der Software-Funktionen für Fahrzeugansteuerung vorgestellt. Dazu gehören die grundlegenden Kenntnisse über die Methoden zur frühen Validierung wie beispielsweise Rapid-Prototyping. Danach wird der Stand der Technik der Applikationsmethoden besprochen. Mit der ausführlichen Erklärung der modellbasierten Applikationsmethode wird das Kapitel abgeschlossen.

2.1 Hybridelektrofahrzeuge

Das aus dem Griechisch kommenden Wort „Hybrid" bedeutet „Mischung aus zwei oder mehreren Komponenten". Wenn ein Fahrzeug mindestens zwei Energiewandler und zwei im Fahrzeug eingebaute Energiespeichersysteme hat, kann das Fahrzeug als „Hybridfahrzeug" bezeichnet werden. Heutzutage besitzen die meisten Hybridfahrzeuge die Kombination von einem Verbrennungsmotor und einem Elektromotor. Gemäß der entsprechenden EU-Richtlinie werden solche Hybridfahrzeuge weitergehend als Hybridelektrofahrzeuge bezeichnet.

Um die Antriebsleistung von zwei unterschiedlichen Quellen unter einen Hut zu bringen, sind vielfältige Hybridantriebskonzepte in den vergangenen Jahren vorgestellt worden. Nach dem Energiefluss lassen sich die Konzepte in drei Kategorien einteilen: serieller Hybrid, paralleler Hybrid und leistungsverzweigter Hybrid (Mischhybrid) [2].

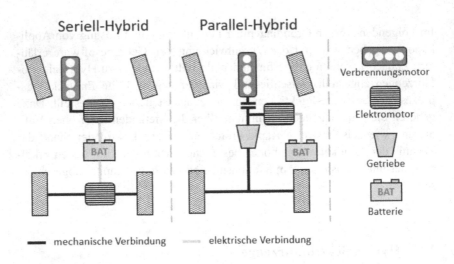

Abbildung 2.1: Schematische Darstellung der seriellen und parallelen Hybridkonzepte

Ein ausgeprägtes Merkmal der seriellen Hybridantriebe ist die fehlende direkte mechanische Verbindung zwischen dem Verbrennungsmotor und den Antriebsrädern. Der Verbrennungsmotor ist mit einem Generator mechanisch gekoppelt. Die mechanische Energie vom Verbrennungsmotor wird durch den Generator in elektrische Energie umgewandelt. Diese elektrische Energie kann entweder einen Elektromotor betreiben, um den Fahrantrieb zu realisieren, oder in einer Batterie gespeichert werden.

Die elektrische Verbindung zwischen Verbrennungsmotor und Antriebsrädern ermöglicht große Flexibilität beim Auswählen des Betriebspunkts des Verbrennungsmotors. Der Verbrennungsmotor kann immer in einem optimalen Betriebspunkt arbeiten. Dadurch können die Emissionen und der Wirkungsgrad des Verbrennungsmotors gegenüber einem konventionellen Fahrzeug signifikant verbessert werden.

Allerdings erzeugt die doppelte Wandlung zwischen mechanischer und elektrischer Energie unvermeidbare Wirkungsgradverluste. Diese Verluste werden verschärft durch das Zwischenspeichern in der Batterie. In den Situationen mit hoher Leistungsanforderung bietet die Betriebspunktverschiebung

nur geringe Vorteile. In solchen Betriebspunkten weist ein serieller Hybridantrieb wegen der Umwandlungsverlust einen schlechten Wirkungsgrad auf.

Beim parallelen Hybrid besitzen der Verbrennungsmotor und der Elektromotor beide einen direkten mechanischen Durchtrieb bis zu den Antriebsrädern.
Idealerweise kann das Fahrzeug mit einem parallelen Hybridantrieb rein
elektrisch, konventionell oder kombiniert betrieben werden. Das erlaubt dem
Fahrzeug, die Vorteile sowohl des konventionellen als auch des elektrischen
Antriebssystems zu nutzen. Für den Stadtverkehr wird das Fahrzeug wegen
des schlechten Teillastwirkungsgrades des Verbrennungsmotors vorwiegend
elektrisch betrieben. Bei hohem Leistungsbedarf wird der Verbrennungsmotor zugeschaltet, um den Elektromotor zu unterstützen.

Bei parallelen Hybridantrieben kann der Verbrennungsmotor nicht wie bei
seriellen Hybridantrieben stationär und unabhängig vom Radantrieb arbeiten.
Deshalb können die Abgasemissionen und der Kraftstoffverbrauch weniger
gut als beim Parallelhybrid ausfallen.

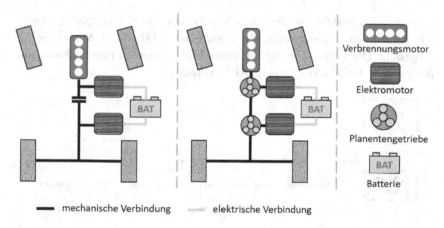

Abbildung 2.2: Schematische Darstellung der leistungsverzweigten Hybridkonzepte

Leistungsverzweigte Hybridantriebe können als eine Mischform zwischen
seriellen und parallelen Hybridantrieben betrachtet werden. Die Mischung
weist Hochflexibilität auf und vielfältige Konzepte sind heutzutage bereits
vorhanden. Das gemeinsame Merkmal der Konzepte besteht darin, dass die

zu übertragende Leistung auf mechanische und elektrische Zweige aufgeteilt werden kann. Die Verzweigung und Wiederüberlagerung der Leistung kann beispielsweise über E-Maschine oder Planetengetriebe erfolgen, wie Abbildung 2.2 zeigt. Durch die Ansteuerung der E-Maschinen ist die stufenlos einstellbare Übersetzung zwischen dem Verbrennungsmotor und den Antriebsrädern zu realisieren.

2.2   Entwicklung der Funktionssoftware im Fahrzeug

2.2.1   Übersicht über die elektronischen Fahrzeugsysteme

Die Vorteile der Hybridelektrofahrzeuge sind nur mit präziser Ansteuerung des Antriebsstrangs zu realisieren. Die Ansteuerung im Fahrzeug erfolgt durch die elektronischen Fahrzeugsysteme.

Grundsätzlich besteht ein elektronisches System aus Sollwertgeber, Sensoren, Aktuatoren und elektronischen Steuergeräten [3] wie in Abbildung 2.3 dargestellt. Die Wirkungsweise elektronischer Systeme im Fahrzeug wird am Beispiel des Antiblockiersystems (ABS) vorgestellt.

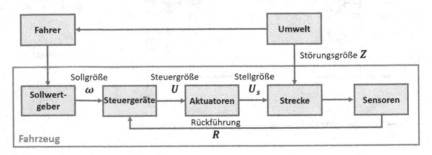

Abbildung 2.3: Blockdiagramm zur Darstellung eines elektronischen Systems

Zuerst wird der Bremswunsch vom Fahrer von der Bremspedaleinheit (Sollwertgeber) in elektrische Signale (Sollgrößen) umgewandelt und dann ans elektrische Steuergerät übertragen. Das Steuergerät erfasst den Fahrwunsch und gibt elektrische Signale (Steuergrößen) aus. Die Größe der Signale berechnet das Steuergerät unter Verwendung der Sollgröße und der Signale von verschiedenen Sensoren wie z.B. den Raddrehzahlsensoren. Die Steuergrößen werden zu den Aktuatoren übertragen. Im ABS-System werden die Steuergrößen durch die Elektromagnetventile in Druck in den Bremszylindern der Radbremsen umgesetzt. Die Radbremsen können Bremskräfte (Stellgröße) proportional zu diesem Druck erzeugen. Auf diese Weise kann das Steuergerät den Bremsvorgang des Fahrzeugs steuern.

In einem elektronischen Fahrzeugsystem dient das Steuergerät als „Gehirn" des Systems. Das Steuergerät ist ein im Fahrzeug eingebetteter elektronischer Rechner, der für die Berechnung einer oder mehrerer Funktionen in Echtzeit bestimmt ist. Je nach der geflashten Software kann ein Steuergerät unterschiedliche Funktionen übernehmen wie z.B. Motorstart, Antriebsschlupfregelung oder Diebstahlsicherung. Die Funktion, die durch die Software im Steuergerät realisiert wird, wird in dieser Arbeit als Software-Funktion bezeichnet.

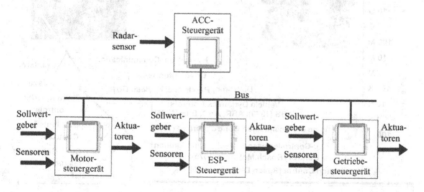

Abbildung 2.4: Schematisches Beispiel von verteilten und vernetzten elektronischen Systemen [3]

In der Anfangszeit des Einsatzes von Elektronik im Fahrzeug wurde eine Software-Funktion überwiegend nur einem einzelnen Steuergerät zugeordnet. Seit leistungsfähige Bussysteme wie CAN im Fahrzeug eingeführt wurden, ist High-Speed-Kommunikation zwischen Fahrzeugsteuergeräten mit geringem Aufwand möglich. Somit können die Fahrzeugsteuergeräte durch die Busse miteinander vernetzt werden. Die Software-Funktionen können in mehrere Teilfunktionen in verschiedenen Steuergeräten aufgeteilt werden.

Solche elektronischen Systeme werden als vernetzte und verteilte Systeme bezeichnet. Durch die Vernetzung der elektronischen Systeme sind auch übergeordnete Software-Funktionen möglich wie in Abbildung 2.4 gezeigt. Damit sind leistungsfähigere Software-Funktionen einfach und günstig zu realisieren.

In modernen Fahrzeugen können über 100 Steuergeräte verbaut sein. Darin gibt es nicht nur die Software-Funktionen, welche die „alten" Funktionen mit mechanischer Regelung ersetzen, sondern auch immer mehr neue innovative Funktionen, mit denen die steigenden Anforderungen an das Fahrzeug erfüllt werden können. Wegen der steigenden Anzahl der Steuergeräte und Funktionen nimmt die Komplexität der vernetzten und verteilten Systeme stark zu, siehe Abbildung 2.5.

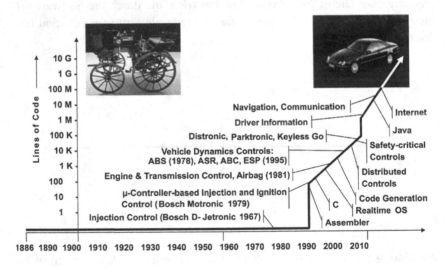

Abbildung 2.5: Zunahme der Komplexität der Steuergerät-Software im Automobil [4]

Dementsprechend wird der Entwicklungsaufwand für Software-Funktionen deutlich erhöht. Gemäß eines Forschungsberichts von der Bosten Consulting Group [5] ist der Anteil der Entwicklungskosten der elektronischen Systeme von 20 % in 2004 auf 40 % in 2015 gestiegen. Es ist zu erwarten, dass die softwarebasierten elektronischen Systeme im Automobil in Zukunft weiter an Bedeutung gewinnen werden.

2.2.2 Entwicklungsprozess der Software-Funktionen

Wegen der zunehmenden Komplexität der softwarebasierten elektronischen Systeme ist eine effiziente und fehlerfreie Funktionsentwicklung ohne definierte Vorgehensweise kaum zu realisieren. Eine weit verbreitete Vorgehensweise, das V-Modell, wird durch das Prozessmodell in Abbildung 2.6 dargestellt.

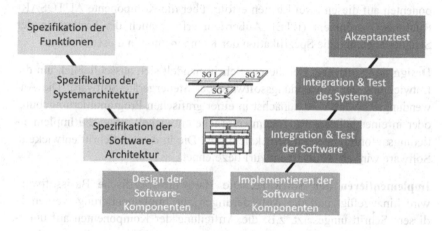

Abbildung 2.6: V-Modell der Softwareentwicklung

Das Prinzip des V-Modells ist Teilen und Beherrschen [3]. Der Kernprozess wird in folgende Entwicklungsschritte unterteilt:

Spezifikation der Funktion. Unter Berücksichtigung der Benutzeranforderungen sind die geforderten Eigenschaften der zu entwickelnden Funktionen zu spezifizieren. Diese Anforderungs-spezifikation wird üblicherweise von Fahrzeugentwicklern und Experten auf anderen Gebieten, z.B. Marketing, zusammen erstellt.

Spezifikation der Systemarchitektur. Ausgehend von der Anforderungs-spezifikation beginnt die Überlegung über die konkrete technische Realisierung. Eine zu entwickelnde Funktion kann in mehrere Teilfunktionen (Funktionsmodule) aufgeteilt werden, die auf die verschiedenen Steuergeräte verteilt werden können. Bei der Verteilung müssen vielfältige Anforderungen wie beispielsweise Echtzeit-, Sicherheits- und Zuverlässigkeitsanforderungen berücksichtigt werden.

Spezifikation der Software-Architektur. Heutzutage wird die Architektur vor allem nach Standards wie AUTOSAR umgesetzt. In der Systemarchitektur ist festgelegt, welche Funktionsmodule eine Steuergeräte-Software beinhaltet. Nach dem AUTOSAR-Standard zählen diese Funktionsmodule zur Ebene der Anwendungssoftware (zu sehen in Abbildung 2.7). Die Komponenten zum Betrieb der auf dem Steuergerät verfügbaren Hardware befinden sich auf der Ebene Basissoftware. Die Kommunikation zwischen den Komponenten auf diesen zwei Ebenen erfolgt über die Komponente AUTOSAR-Runtime-Environment (RTE). Außerdem erfolgt auch die Festlegung der Schnittstellen und die Spezifikation der Komponenten in diesem Schritt.

Design der Software. Bei diesem Schritt handelt sich ausschließlich um die Entwicklung der Anwendungssoftware der Steuergeräte-Software. Die Anwendungssoftware wird zunächst in einer grafischen Programmierumgebung oder in einer höheren Programmiersprache entwickelt, ohne die Implementierungsanforderungen zu berücksichtigen. Die in diesem Schritt entwickelte Software wird als Softwareentwurf bezeichnet.

Implementieren der Software. Die Hardware-spezifische Basissoftware wird hinzugefügt und die Anforderungen zur Implementierung werden in diesem Schritt umgesetzt, z.B. die Aufteilung der Komponenten auf unterschiedliche Tasks oder die Umwandlung von Gleitkommazahlen zu Festkommazahlen. Nach diesem Schritt werden der umgewandelte Softwareentwurf und die Basissoftware zur Implementierungssoftware kombiniert.

Integration & Test der Software und des Systems. Die Implementierungssoftware wird ins Steuergerät integriert und getestet. Dann werden die getesteten Steuergeräte in das vernetzte System integriert und getestet.

Akzeptanztest. Nach der Kalibrierung werden die neu entwickelten Funktionen in der realen Welt daraufhin überprüft, ob die Benutzeranforderungen erwartungsgemäß erfüllt werden.

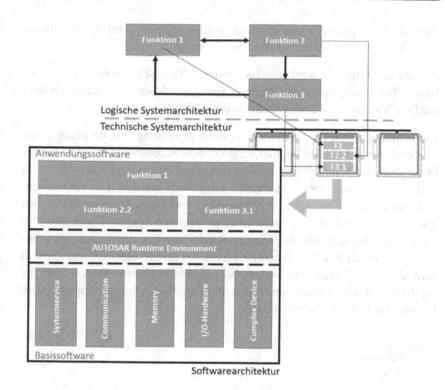

Abbildung 2.7: Schematische Darstellung der Aufteilung der Spezifikation

2.2.3 Rapid-Prototyping der Software-Funktionen

Eine implizite Annahme des V-Modelles ist, dass die Benutzeranforderungen von Anfang an vollständig erfasst werden. Die zu entwickelnde Funktion ist erst im letzten Schritt, dem Akzeptanztest, erlebbar. In der Praxis ist diese Voraussetzung in den meisten Fällen nicht erfüllt. Die Benutzeranforderungen sind häufig nicht vollständig bekannt und können durch die Spezifikation nur grob beschrieben werden. Deshalb sollte die Spezifikation der Software-Funktionen vor der aufwändigen Implementierung und Integration entweder in einer Simulation oder idealerweise im realen Fahrzeug validiert und gegebenenfalls modifiziert werden.

Außerdem stehen häufig mehrere Varianten zur technischen Realisierung einer Funktion zur Verfügung. Wenn die verschiedenen Designs schnell in

die reale Welt gebracht und bewertet werden können, wird die Funktionsentwicklung deutlich erleichtert und beschleunigt.

Aus diesen Gründen wird die Technologie Rapid-Prototyping eingesetzt.
Rapid-Prototyping bietet eine schnelle Testmöglichkeit für den Softwareentwurf (in Abschnitt 2.2.2 vorgestellt) in der realen Welt.

Die grundlegende Funktionsweise wird in Abbildung 2.8 dargestellt. Mit
dem geeigneten Modell-Compiler kann der Softwareentwurf in die Software-
Prototypen kompiliert werden, welche direkt auf einem Experimentiersystem
(z.B. Laptop, Prototypen-Steuergerät) ausgeführt werden. Das Experimentiersystem bietet eine schnelle Verbindung zwischen Software-Prototypen
und Hardware in einem vorhandenen elektronischen System. Damit kann das
Experimentiersystem als ein Steuergerät oder ein Teil des Steuergeräts die-
nen. Das durch das Experimentiersystem integrierte elektronische System
wird als Rapid-Prototyping-System bezeichnet. In diesem System sind die
durch die Software-Prototypen realisierten Funktionen unmittelbar nach dem
Design in der realen Welt erlebbar.

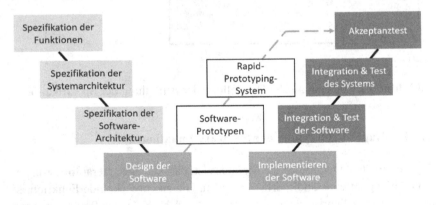

Abbildung 2.8: Abkürzung zum Akzeptanztest durch Rapid-Prototyping

Entlang dieser Abkürzung ist keine Steuergeräte-spezifische Implementierung notwendig. Außerdem verfügen die meisten Experimentiersysteme über
deutlich höhere Rechenleistung als Steuergeräte. Damit können Optimierun-
gen und Kompromisse wegen begrenzter Hardware-Ressourcen beim Rapid-
Prototyping vernachlässigt werden.

Die Realisierung von Rapid-Prototyping kann im Wesentlichen in zwei verschiedene Methoden unterteilt werden: Bypass- und Fullpass-Rapid-Prototyping. Wenn die Software-Prototypen nur einzelne Teile der Steuergeräte-Software ersetzen, wird dies als Bypass-Rapid-Prototyping bezeichnet.

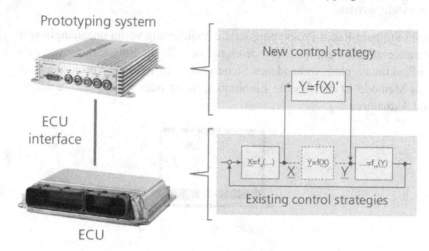

Abbildung 2.9: Funktionsweise von Bypass-Rapid-Prototyping

Bypass-Rapid-Prototyping erlaubt den sehr schnellen Austausch der Software-Komponenten unter der Voraussetzung, dass ein Steuergerät mit validierter Steuergerät-Software zur Verfügung steht. Deshalb ist Bypass-Rapid-Prototyping für die Weiterentwicklung einer vorhandenen Software-Funktion geeignet.

Die Bypass-Kommunikation zwischen dem Steuergerät und dem Experimentiersystem ist sehr schnell und flexibel zu realisieren. Über das XCP-Protokoll kann das Experimentiersystem auf die Signale auf dem Steuergerät zugreifen und diese überschreiben. Damit ist eine unsynchronisierte Kommunikation realisierbar. Für die synchronisierte Kommunikation ist die Hinzufügung von Bypass-Freischnitt in die Steuergerät-Software notwendig. Das lässt sich mit vielen modernen Rapid-Prototyping-Werkzeugen (z.B. Toolkette von dSpace) automatisch durchführen.

Im Gegensatz zu Bypass-Anwendungen wird das Steuergerät beim Fullpass-Rapid-Prototyping vollständig durch das Experimentiersystem ersetzt. Das

Experimentiersystem muss in diesem Fall die Software-Prototypen mit den Schnittstellen zur Hardware versorgen. Beispiele sind die Schnittstellen zum Bussystem und zu den benötigten Sensoren und Aktuatoren. Diese Schnittstellen können üblicherweise durch die Rapid-Prototyping-Werkzeuge modular erstellt werden.

Beim Fullpass-Rapid-Prototyping ist die Validierung völlig unabhängig vom Steuergerät. Die Fullpass-Methode eignet sich für die Entwicklung von neuen Funktionen ohne vorhandenes Steuergerät. Ein weiterer Vorteil der Fullpass-Methode ist die flexible Einbindung neuer oder zusätzlicher Sensoren und Aktuatoren.

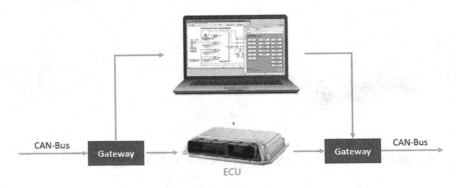

Abbildung 2.10: Funktionsweise von Fullpass-Rapid-Prototyping

Wegen der Komplexität der elektronischen Systeme und der immer höheren Anforderungen an Rapid-Prototyping werden häufig Mischformen zwischen Bypass und Fullpass eingesetzt. Damit wird höhere Flexibilität erreicht; beispielsweise können neue Software-Funktion zusammen mit vorhandenen Software-Funktionen des Steuergeräts ausgeführt werden und zugleich Verbindung zu zusätzlichen Sensoren und Aktuatoren haben.

2.3   Applikation

Unter Applikation versteht man in der Automobilindustrie die Bedatung des Steuergerätes. Die Parameter der Software-Funktionen eines Fahrzeuges

müssen der Hardware entsprechend verstellt werden, um das erwünschte
Verhalten der Funktionen in diesem Fahrzeug zu realisieren.

2.3.1 Manuelle und automatische Applikation

Gegenwärtig erfolgt die Parameterapplikation der Getriebesoftware hauptsächlich manuell durch Applikationsingenieure. Der grundlegende Vorgang
wird durch den Zyklus „Testen - Bewerten - Parametrisieren" in Abbildung
2.11 dargestellt. Auf Basis der subjektiven Wahrnehmung während des
Fahrversuchs verstellen die Applikationsingenieure die Softwareparameter
empirisch bis das erwünschte Fahrverhalten erreicht wird.

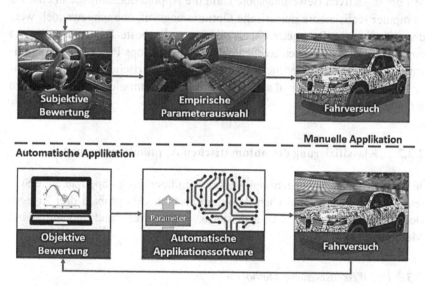

Abbildung 2.11: Manuelle Applikation vs. automatische Applikation

In den letzten Jahrzehnten ist die Komplexität der Fahrzeugsteuerung mit
Software-Funktionen dramatisch gestiegen. Zusätzlich müssen die Software-
Funktionen häufig in immer mehr Systemvarianten eingesetzt werden. Hier-
durch wird die manuelle Applikation immer aufwändiger. Außerdem ist die
subjektive Beurteilung schlecht reproduzierbar und die Konvergenz ins globale Optimum ist im manuellen Prozess nicht zu gewährleisten. Infolgedes-

sen wurden viele automatische Applikationsmethoden entwickelt, die den Applikationsaufwand deutlich reduzieren können.

Die Kernidee der automatischen Applikationsmethode ist, den Applikationsingenieur durch eine Applikationssoftware zu ersetzen, welche in einem Laptop oder PC ausgeführt wird. Die grundlegende Funktionsweise der automatischen Applikation wird in Abbildung 2.11 gezeigt. Das Verhalten des Systems wird nicht mehr von den Experten subjektiv beurteilt, sondern durch die objektive Bewertungsnote beschrieben. Die objektive Bewertungsnote wird durch die Applikationssoftware aus den Messdaten abgeleitet. Die Bewertungsnote weist eine gute Reproduzierbarkeit auf.

Mit der objektiven Bewertungsnote kann die Applikationsaufgabe in eine für Computer realisierbare numerische Optimierungsaufgabe umgewandelt werden, nämlich die Parameter einzustellen, um die beste Bewertungsnote zu erreichen. Dank der hohen Rechenleistung des Laptops/PCs kann die Applikationssoftware verschiedene leistungsfähige numerische Algorithmen einsetzen, um eine robuste und schnelle Konvergenz zum globalen Optimum zu erreichen.

2.3.2 Klassifizierung der automatischen Applikationsmethoden

Je nach Bedarf an vorgegebenen Kenntnissen über das zu applizierende System können die automatischen Applikationsmethoden grob in drei Kategorien eingeteilt werden: wissensbasierte, wissensfreie und modellbasierte Methoden.

2.3.2.1 Wissensbasierte Methoden

Ein Applikationsingenieur kann mit Hilfe seiner Kenntnisse die Durchführung unterschiedlicher Parametervariationen festlegen, um die verschiedenen Bewertungskriterien zu beeinflussen. Diese Denk- und Vorgehensweise des Applikationsingenieurs wird bei wissensbasierten Methoden in logische Regeln umgesetzt, denen die Software folgen kann. Ein Beispiel sind WENN-DANN-Regeln: WENN die Kriterien [Bedingung X] erfüllt sind, DANN führe [Parametervariation Y] durch. Deswegen sind solche Methoden auch als regelbasierte Methoden bekannt. Die regelbasierte Festlegung der Parametervariation erfordert wenig Rechenleistung und kann deshalb online oder sogar onboard implementiert werden.

Außerdem können wissensbasierte Methoden sehr schnell die optimalen Parameter finden. Allerdings werden ihre Potenziale nur unter der Voraussetzung realisiert, dass die Kenntnisse des Applikationsingenieurs gut in die entsprechenden Regeln übersetzt werden. Die Übersetzung stellt immer eine große Herausforderung dar. Seit Mitte der 1990er Jahre hat Fuzzy-Logik einen großen Durchbruch erzielt. Fuzzy-Logik ermöglicht, die Unschärfe der sprachlich beschriebenen menschlichen Beurteilung (z.B. „Gut", „Schlecht") mathematisch zu modellieren. Damit wird die Ableitung der Regeln deutlich erleichtert. Heutzutage werden viele Fuzzy-basierte Applikationsmethoden entwickelt und haben in der Praxis gute Leistungen erbracht.

2.3.2.2 Wissensfreie Methoden

Im Gegensatz zu den wissensbasierten Methoden erfordern die wissensfreien Methoden keine Vorkenntnisse von ihren Benutzern. Solche Methoden verwenden entweder stochastische Algorithmen, die das Optimum in zufälligen Richtungen mit zufälligen Schrittweiten suchen, oder Gradienten-freie numerische Algorithmen, wie z.B. das Nelder-Mead-Verfahren.

Die stochastischen Algorithmen können die Konvergenz ins globale Optimum gewährleisten und werden weitgehend in Computer-Experimenten verwendet. Allerdings erfordern viele bekannte stochastische Algorithmen, beispielsweise evolutionäre Algorithmen, eine sehr hohe Anzahl an Versuchen. Deswegen sind sie schwer in einer realen Umgebung zu implementieren.

Die Gradienten-freien Algorithmen folgen bestimmten numerischen Regeln während der Optimierung. Solche Algorithmen konvergieren deutlich schneller, können sich aber in einem lokalen Optimum verirren.

2.3.2.3 Modellbasierte Methoden

Um das globale Optimum eines komplexen Systems zu finden, haben Mathematiker viele leistungsfähige numerische Algorithmen entwickelt. Allerdings erfordern viele davon erfordern eine sehr hohe Anzahl an Versuchen wie beispielsweise evolutionäre Algorithmen, oder schwer erreichbare Informationen in einem echten System, z.B. Gradienten-basierte Algorithmen. Um die erforderlichen Daten mit geringem Aufwand zu erhalten, kommen auf dem Computer ausführbare Simulationsmodelle zum Einsatz.

Das Simulationsmodell ist in der Lage, das Systemverhalten mit deutlich geringerem Aufwand vorherzusagen. Auf Basis der Vorhersage des Simulationsmodells können die numerischen Optimierungsalgorithmen verwendet werden, ohne unverhältnismäßig hohen Aufwand zu erzeugen.

Heutzutage finden die modellbasierten automatischen Applikationsmethoden sehr breite Anwendung in der Entwicklung des Antriebsstrangs. Für unterschiedliche Anwendungsfälle gibt es verschiedene Varianten der modellbasierten Methode. In Abschnitt 2.4 werden die modellbasierten Methoden ausführlich vorgestellt.

2.4   Modellbasierte automatische Applikation

Der modellbasierte Applikationsprozess lässt sich in vier Hauptschritte unterteilen: Versuchsplanung, Auswertung, Modellierung und Optimierung.

Versuchsplanung: Unter Versuchsplanung versteht man die Erstellung der Versuchspläne. Bei der Versuchsplanung wird die Versuchsreihe so geplant, dass der Einfluss mehrerer Parameter auf die Bewertungsnote mit minimalem Versuchsaufwand identifiziert werden kann.

Auswertung: Durchführung der Versuchspläne. Die ausgewählten Parametersätze (Versuchspunkte) werden nach der festgelegten Versuchsanordnung im Zielsystem ausgewertet. Die Parametersätze und die entsprechenden berechneten Bewertungsnoten werden als Testdaten gespeichert.

Modellierung: Mit den Testdaten wird das Simulationsmodell erstellt.

Optimierung: Auf Basis der Vorhersage des Simulationsmodells wird der optimale Parametersatz durch numerische Algorithmen bestimmt.

2.4.1 Sequenzielle und iterative modellbasierte Applikation

Je nach Ausführungsreihenfolge werden hauptsächlich zwei grundlegende Vorgehensweisen eingesetzt: die sequenzielle und die iterative Applikation.

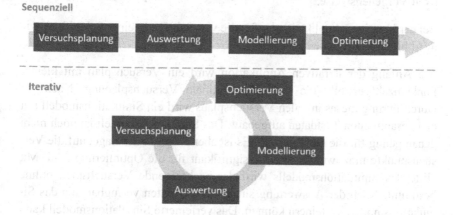

Abbildung 2.12: Funktionsweise der sequenziellen & iterativen Applikation

Wenn die vier Schritte nacheinander durchgeführt werden, wird die Vorgehensweise als sequenziell bezeichnet, wie in Abbildung 2.12 gezeigt. Bei einer sequenziellen Applikation hat die Optimierung nichts mehr mit dem echten System zu tun und basiert vollständig auf dem Simulationsmodell. Deswegen wird die sequenzielle Vorgehensweise auch häufig als offline-Methode bezeichnet.

Die sequenzielle Vorgehensweise impliziert, dass die Vorhersagegenauigkeit des Simulationsmodells für die Optimierungsergebnisse von entscheidender Bedeutung ist. Deswegen stellt die sequenzielle Applikation hohe Anforderungen an die Anpassungsfähigkeit des Simulationsmodells und an die Qualität der gesammelten Testdaten.

Außerdem sind die Versuchspläne vor der Auswertung schon vollständig festgelegt. Zu diesem Zeitpunkt können häufig sehr wenige Kenntnisse über das zu identifizierende System zu Verfügung stehen. Um keine wichtige Information zu verpassen, müssen die Versuchspunkte gleichmäßig im zulässigen Raum verteilt werden. Deswegen ist eine hohe Anzahl an Versuchspunkten notwendig.

Während der Auswertung ist es möglich, die Kenntnisse über das System Schritt für Schritt zu erweitern. Ist es möglich, diese erworbenen Kenntnisse zu verwenden, um die Versuchspläne zu optimieren und dadurch den Versuchsaufwand zu reduzieren? Ja, und das ist die grundlegende Idee der iterativen Vorgehensweise.

Bei der iterativen Applikation laufen die vier Schritte in einer Schleife ab wie in Abbildung 2.12 unten gezeigt.

Am Anfang der iterativen Applikation wird ein Versuchsplan mit kleiner Punktanzahl erstellt, die sogenannte initiale Versuchsplanung. Nach der Durchführung dieses initialen Versuchsplans wird ein Simulationsmodell mit den gesammelten Testdaten aufgebaut. Das Simulationsmodell ist noch nicht genau genug für die Optimierung. Es ist aber schon in der Lage, auf die Versuchspunkte hinzuweisen, welche signifikant für die Optimierung sind. Mit Hilfe des Simulationsmodells wird der nachfolgende Versuchsplan online bestimmt. Nach der Auswertung sind neue Testdaten verfügbar, die das Simulationsmodell verfeinern können. Das verfeinerte Simulationsmodell kann das System besser widerspiegeln und die Versuchsplanung kann sich dementsprechend anpassen. Im Vergleich zur unveränderten Versuchsplanung in der sequenziellen Applikation ist diese adaptive Versuchsplanung zielorientierter und effizienter. Durch die Vorgabe der adaptiven Versuchsplanung werden die Versuchspunkte ungleich verteilt, mit höherer Dichte auf dem signifikanten Bereich, wie in Abbildung 2.13 gezeigt.

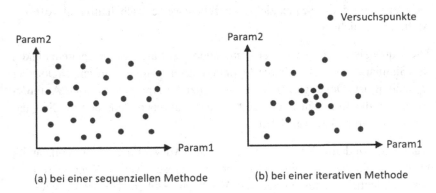

(a) bei einer sequenziellen Methode   (b) bei einer iterativen Methode

Abbildung 2.13: Verteilung der Versuchspunkte bei sequenzieller und iterativer Methode

Die Herausforderung der adaptiven Versuchsplanung besteht darin, die Effizienz und die Konvergenz zum globalen Optimum gleichzeitig zu gewährleisten. Dies erfordert eine geeignete Strategie bei der adaptiven Versuchsplanung, die in Kapitel 5 ausführlich diskutiert wird.

2.4.2 Modellierung der Simulationsmodelle

Bei der modellbasierten Applikation spielt das Simulationsmodell eine entscheidende Rolle. Je nach Umfang werden die Simulationsmodelle in zwei Kategorien unterteilt: Streckenmodelle, die das gesamte elektronische System außer dem Steuergerät modellieren, und Prozessmodelle, die nicht nur das System, sondern auch den gesamten Testprozess von der Fahrervorgabe bis zur Bewertung beschreiben.

2.4.2.1 Streckenmodell

In Abbildung 2.14 wird der Prozess zur Bewertung eines Parametersatzes in einem Streckenmodell schematisch dargestellt. Das Streckenmodell empfängt die Stellgröße vom Steuergerät und bildet das Systemverhalten nach. Das simulierte Verhalten wird dann evaluiert und die Bewertungsnote wird berechnet.

Das Streckenmodell ersetzt nur die Komponenten, die während der Entwicklung der Funktionssoftware nicht geändert werden. Aus diesem Grund weist das Streckenmodell ein gute Wiederverwendbarkeit auf. Während der Applikation ist es möglich, die Testszenarien, die Bewertung und die Funktionssoftware je nach Anforderung zu modifizieren.

Eine typische Methode zur Erstellung der Streckenmodelle ist die physikalische Modellierung. Dabei werden physikalische Grundfunktionen eingesetzt, um das Systemverhalten zu approximieren und berechenbar zu machen. Die auf physikalischen Grundfunktionen basierenden Modelle werden als physikalische Modelle oder White-Box-Modelle bezeichnet. Die bekannten physikalischen Zusammenhänge zwischen den Eingängen und Ausgängen eines physikalischen Modells können als die Umsetzung der vorhandenen Kenntnisse betrachtet werden. Die Koeffizienten der Grundfunktionen haben anschauliche physikalische Bedeutungen und können direkt gemessen oder aus Messdaten abgeleitet werden. Der solide physikalische Hintergrund erlaubt es dem physikalischen Modell, gute Genauigkeit nicht nur bei der Interpolation, sondern auch bei der Extrapolation zu erreichen.

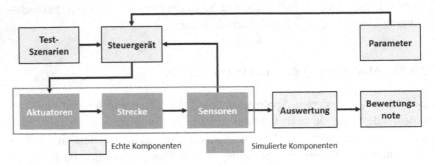

Abbildung 2.14: Simulationsumfang der Streckenmodelle

Allerdings sollten die Nachteile physikalischer Modelle nicht vernachlässigt werden. Für ein komplexes System ist es schwierig, alle physikalischen Zusammenhänge vollständig zu erfassen. Die fehlenden Zusammenhänge verursachen Abweichungen, die zu einem Verlust an Vorhersagegenauigkeit, speziell bei der Extrapolation, führen können. Außerdem müssen physikalische Modelle häufig bezüglich der Berechenbarkeit simplifiziert werden. Die Simplifikation reduziert den Rechenaufwand auf Kosten der Vorhersagegenauigkeit. Zusammenfassend lässt sich sagen, dass die Annäherungsfähigkeit von physikalischen Modellen beschränkt ist.

Eine Alternative zur Modellierung des Streckenmodelles ist das Metamodell. Im Gegensatz zu physikalischen Modellen verzichten Metamodelle ganz auf die Umsetzung der physikalischen Hintergrundkenntnisse. Die Eingänge und die Ausgänge eines Metamodells werden rein über vorgegebene mathematische Funktionen verknüpft. Anders als physikalische Gleichungen können die mathematischen Funktionen sehr hohe Flexibilität bei der Modellanpassung bieten. Die Parameter eines Metamodells haben keine physikalischen Bedeutungen. Durch numerische Verfahren werden die Parameter so bestimmt, dass das Metamodell das Systemverhalten optimal nachbilden kann. Die Bestimmung der Parameter eines Metamodells wird als Trainieren (Engl. *Training*) bezeichnet.

Gut trainierte Metamodelle können beliebig komplexe physikalische Erscheinungen des Systems mathematisch abstrahieren, unabhängig davon, ob

Kenntnisse darüber vorhanden sind. Aus diesem Grund wird das Metamodell häufig als Black-Box-Modell bezeichnet. Die aus den Daten abgeleiteten mathematischen Verknüpfungen können sehr gute Genauigkeit bei der Interpolation aufweisen. Ohne physikalische Zusammenhänge als Fundament sind die Vorhersagen der Metamodelle bei der Extrapolation im Allgemeinen wenig plausibel.

Es gibt eine große Auswahl an mathematischen Funktionen, beispielsweise polynominale Regression, künstliche neuronale Netze oder das Kriging-Modell. Je nach Annäherungsfähigkeit und Bedarf an Trainingsdaten weisen sie unterschiedliche Anwendungsgebiete auf. Die Auswahl der Funktionen wird meistens vom Benutzer empirisch oder basierend auf bekannten erfolgreichen Beispielen getroffen.

Allerdings hat die Annäherungsfähigkeit von Metamodellen auch Grenzen. Die meisten mathematischen Funktionen eignen sich nur für glatte Zusammenhänge. Deswegen stellt für Metamodelle die Modellierung eines nichtglatten dynamischen Systems, wie beispielsweise ein Automatikgetriebe, häufig einen Engpass dar. Erforderlich sind Möglichkeiten zur Erkennung des nichtglatten Verhaltens und die Integration zusätzlicher Module, die das nichtglatte Verhalten nachbilden oder glätten [6] [7]. Dies macht die Metamodellierung sehr aufwändig.

2.4.2.2 Prozessmodell

Eine Möglichkeit zur Vermeidung der nichtglatten Modellierung ist der Einsatz von Prozessmodellen. Der Simulationsumfang eines Prozessmodells wird in Abbildung 2.15 schematisch dargestellt. Das Prozessmodell nimmt die zu bewertenden Parameter als Eingänge und gibt die vorhergesagte Bewertungsnote aus. Die Verknüpfungen dazwischen werden durch Metamodellierung approximiert.

Das Prozessmodell vernachlässigt das dynamische Verhalten der Strecke und abstrahiert den gesamten Bewertungsprozess. In der Praxis können die Zusammenhänge zwischen Parametern und Bewertungsnote in den meisten Fällen als glatt betrachtet werden. Deswegen können die Metamodelle hierbei ihre Stärken sehr gut ausspielen.

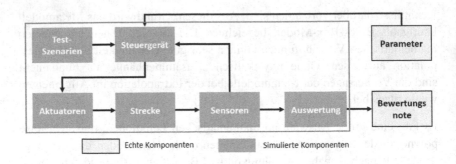

Abbildung 2.15: Simulationsumfang der Prozessmodelle

Im Vergleich zu den dynamischen Streckenmodellen haben Prozessmodelle auch bei der Rechenzeit einen Vorteil. Um die Bewertungsnote zu berechnen, brauchen die dynamischen Streckenmodelle für Fahrzeuge oder Fahrzeugkomponenten Rechenzeiten von einigen Minuten oder mehr (abhängig von Komplexität der Modelle und der Testszenarien). Die Rechenzeiten eines metamodellierten Prozessmodelles hingegen liegen im Bereich von Millisekunden.

Diese Eigenschaft macht Prozessmodelle sehr geeignet für die Online-Applikation, welche im nächsten Abschnitt ausführlich vorgestellt wird.

3 Automatische Applikationsmethode

3.1 Applikation in der Rapid-Prototyping-Vorentwicklung

Die Funktionsvorentwicklung und -validierung in einer Rapid-Prototyping-Umgebung unterscheidet sich signifikant von der Serienentwicklung. Dementsprechend muss die Applikation in einer Rapid-Prototyping-Umgebung andere Anforderungen erfüllen.

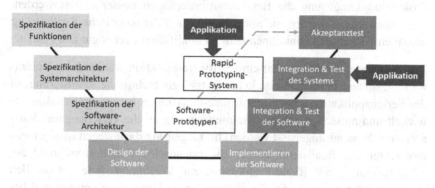

Abbildung 3.1: Applikation in Serienentwicklung und Vorentwicklung

In der Serienentwicklung nach dem V-Modell befindet sich der Schritt Applikation nach dem Schritt Integration des Systems. Alle Software-Funktionen im System werden in diesem Schritt parametrisiert. Die Anzahl der zu applizierenden Parameter ist abhängig von der Komplexität des Systems. Im Karosserie-System des Fahrzeuges sind ca. 5.000 Parameter zu verwalten. In einem modernen Dieselantriebsstrang hat die Anzahl im Jahr 2015 bereits 60.000 überschritten [8].

Im Gegensatz dazu gibt es in einem Rapid-Prototyping-System deutlich weniger zu applizierende Parameter. Das Rapid-Prototyping-System basiert auf einem vorhandenen System, dessen Parameter bereits appliziert sind. Nur die Parameter in den Software-Prototypen müssen in der Rapid-Prototyping-Umgebung appliziert werden. Bezogen auf die Anzahl der zu applizierenden Parameter ist demnach die automatische Applikation im Rapid-Prototyping deutlich einfacher zu realisieren als in der Serienentwicklung.

© Der/die Autor(en), exklusiv lizenziert durch
Springer Fachmedien Wiesbaden GmbH, ein Teil von Springer Nature 2022
J. Liao, *Generische automatische Applikation für die Vorentwicklung von
Hybridgetrieben in Rapid–Prototyping–Umgebung*, Wissenschaftliche Reihe
Fahrzeugtechnik Universität Stuttgart, https://doi.org/10.1007/978-3-658-36814-2_3

Allerdings hat die Applikation in der Vorentwicklung eigene Herausforderungen. Eine der größten Herausforderungen entsteht aus der Veränderlichkeit der Software-Prototypen. Diese Veränderlichkeit weist drei verschiedene Ebenen auf.

Die Veränderlichkeit auf der Spezifikationsebene wurde bereits in Kapitel 2.2.3 diskutiert. Beispielsweise können durch die Validierung in der Rapid-Prototyping-Umgebung die Benutzeranforderungen besser erfasst werden. Dementsprechend werden die Spezifikation und die technische Realisierung der zu entwickelnden Funktionen laufend modifiziert oder sogar neu erstellt.

Auf der Umsetzungsebene hat eine Software-Funktion während der Vorentwicklungsphase normalerweise keine festgelegte technische Realisierung. In der Serienapplikation sind die Software-Funktionen bereits vollständig entwickelt und müssen nur durch Parametrisierung an die verschiedenen Varianten des Systems angepasst werden. Im Gegensatz dazu stehen häufig mehrere technische Realisierungen für die erwünschte Funktion während der Vorentwicklung mit Rapid-Prototyping zur Verfügung. Alle potenziellen Realisierungen sollen in der Rapid-Prototyping-Umgebung getestet und bewertet werden.

Zuletzt wird eine Software-Funktion auf der Entwurfsebene meistens iterativ entwickelt, um das erwünschte Verhalten Schritt für Schritt zu realisieren. Mit Hilfe der Rapid-Prototyping-Methode können die jeweiligen Softwareentwürfe im echten System getestet werden, um Fehler früher zu erkennen. Deswegen müssen die verschiedenen Software-Entwürfe vor der Validierung auch appliziert werden.

Wegen der Veränderlichkeit in der Vorentwicklung muss die Applikation mehrmals für verschiedene Aufgaben durchgeführt werden. Diese Anwendungssituation stellt hohe Anforderungen an den Applikationsaufwand und an die Allgemeingültigkeit der automatischen Applikationsmethode.

Der Applikationsaufwand hängt stark vom Datenbedarf der Algorithmen ab. In den Anwendungsfällen des Software-Rapid-Prototypings werden die Testdaten in aufwändigen Fahrversuchen oder Prüfstandtests gesammelt. Die Reduktion der Testdaten kann den Applikationsaufwand wesentlich reduzieren.

Außerdem trägt auch die Inbetriebnahme der Applikationsmethode zum Applikationsaufwand bei, wie beispielsweise die Ableitung der Regeln für eine wissensbasierte Methode oder die Erstellung der Simulationsmodelle für eine modellbasierte Methode.

Unter Allgemeingültigkeit versteht man die Anwendbarkeit der Methode auf verschiedene Systeme, ohne aufwändige aufgabenspezifische Anpassungen vorzunehmen. Hierbei spielen die erforderlichen vorgegebenen Kenntnisse (als Vorkenntnisse bezeichnet) eine wichtige Rolle. Je mehr systemspezifische Vorkenntnisse benötigt werden, desto schlechter ist die Allgemeingültigkeit.

3.2 Vorhandene automatische Applikationsmethoden

Derzeit werden viele automatische Methoden für verschiedene Applikationsaufgaben entwickelt. In diesem Abschnitt wird ein allgemeiner Überblick über die vorhandenen automatischen Applikationsmethoden gegeben und ihre Eignung zur Anwendung in der Rapid-Prototyping-Vorentwicklung analysiert.

Aus der Analyse in Abschnitt 3.1 ergeben sich die zwei Hauptanforderungen an die Applikation in der Vorentwicklung: hohe Allgemeingültigkeit und niedriger Applikationsaufwand. In Bezug auf diese Anforderungen werden die drei Hauptkategorien automatischer Applikationsmethoden, nämlich die wissensbasierte, die wissensfreie und die modellbasierte Methode, verglichen.

Wegen der hohen Effizienz nach der Inbetriebnahme werden die wissensbasierten Methoden typischerweise in der automatischen Applikation in der Serienentwicklung verwendet. Zum Beispiel hat *Tino Naumann* [9] eine Fuzzy-basierte Strategie entwickelt, um Steuergeräte von Common-Rail-Dieselmotoren auf Prüfständen zu applizieren. Die Potenziale der Fuzzy-basierten Methode bei Automatikgetrieben wurden von *Arnd Hagerodt* [10] bewiesen.

Allerdings ist der Applikationsaufwand solcher wissensbasierten Methoden beträchtlich, wenn die Inbetriebnahme berücksichtigt wird. Die Ableitung der Regeln erfordert nicht nur Expertenwissen, sondern auch Anstrengungen zur Optimierung der Parameter in den Regeln. Außerdem ist darauf hinzuweisen, dass sich Applikationseffizienz und Allgemeingültigkeit bei wis-

sensbasierten Methoden im Allgemeinem widersprechen. Aufgabenspezifische Kenntnisse können die Applikation signifikant beschleunigen, müssen
aber bei Anwendung auf andere Aufgaben aktualisiert oder neu erstellt werden. Deswegen können wissensbasierte Methoden die Anforderungen der
Rapid-Prototyping-Vorentwicklung äußerst schwierig zugleich erfüllen.

Die wissensfreien Methoden verzichten auf vorgegebene Kenntnisse und
ermöglichen eine hohe Allgemeingültigkeit. Wegen der in Abschnitt 2.3.2
erwähnten Nachteile haben die wissensfreien Methoden relativ wenig Aufmerksamkeit bei der automatischen Applikation gefunden. Dennoch hat
Christopher Körtgen [11] einen Versuch unternommen: er schlägt eine
Kombination von einem stochastischen Algorithmus und einem gradienten-
freien lokalen Optimierungsalgorithmus vor. Diese Methode wurde auf die
Applikation der Getriebesteuerung eines Traktors angewendet. Mit dem
stochastischen Algorithmus wird das globale Optimum nicht verpasst; die
lokale Suche um das aktuelle Optimum beschleunigt die Konvergenz und
erhöht die Effizienz. Allerdings ist die Effizienz dieser Methode noch stark
abhängig vom „Glück" bei dem stochastischen Suchen.

Die modellbasierten Methoden haben die besten Voraussetzungen, eine hohe
Allgemeingültigkeit und bei gleichzeitig niedrigem Applikationsaufwand zu
realisieren. Durch das Lernen während der Applikation können die modellbasierten Methoden von Vorkenntnissen befreit werden und hohe Allgemeingültigkeit ermöglichen. Mit den aus den Daten erworbenen Kenntnissen
wird die Konvergenz zum globalen Optimum beschleunigt.

Die modellbasierten Methoden können in sequenzielle streckenmodellbasier-
te, sequenzielle prozessmodellbasierte und iterative prozessmodellbasierte
Methoden unterteilt werden.

Bei der automatischen Applikation in der Serienentwicklung haben die sequenziellen streckenmodellbasierten Methoden zunehmend an Aufmerksamkeit gewonnen. Wie in Abschnitt 2.4.2 vorgestellt, können entweder physikalische Modelle oder Metamodelle zur Erstellung der Streckenmodelle eingesetzt werden. Allerdings begegnen beiden viele Hindernisse auf dem Weg
zur Anwendung in der Rapid-Prototyping-Vorentwicklung.

Hua Huang [12] hat das physikalische Streckenmodell in der Applikation für
ein automatisiertes Schaltgetriebe zum Einsatz gebracht. Die physikalischen
Modelle erfordern relativ wenige Trainingsdaten zur Identifikation der Ko-

effizienten. Ein physikalisches Modell passt aber nur für ein spezifisches System. Das führt zu hohem Anpassungsaufwand bei der Anwendung auf ein anderes System. Die generische Anwendbarkeit ist schlecht. Außerdem sind Abweichungen zwischen dem echten System und dem physikalischen Modell nahezu unvermeidbar. Deswegen haben die offline applizierten Parametersätze in den meisten Fällen noch Verbesserungspotenziale in der realen Umgebung. In der Applikationsstrategie von *T. Henn* [13] folgt eine Feinapplikation nach der modellbasierten Grundapplikation, um diese Verbesserungspotenziale zu realisieren.

Zur automatischen Applikation der Kennfelder für die Motorsteuerung hat *Michael Hafner* [14] ein Metamodell in Form eines künstlichen neuronalen Netzwerks (KNN) als Streckenmodell verwendet. Die hohe Flexibilität und ausgezeichnete Annäherungsfähigkeit des KNNs ermöglichen hohe Vorhersagegenauigkeit bei der offline Optimierung. Zusätzlich basiert die Metamodellierung rein auf den Trainingsdaten und benötigt somit keine systemspezifischen Vorkenntnisse. Dadurch wird der Anwendungsbereich deutlich verbreitet. Trotzdem ist die Allgemeingültigkeit der Methode wegen der schwachen Leistung der Metamodelle zur Modellierung für nicht-glatte dynamische Systeme noch beschränkt. Außerdem ist der Datenbedarf zur Erstellung eines Streckenmodells meistens sehr groß. Michael Hafner sammelte die erforderlichen Trainingsdaten auf dem Prüfstand, was zu aufwändig für die mehrmalige Applikation in der Vorentwicklung ist.

Für eine generische Anwendung ist das Prozessmodell eine bessere Auswahl. In der sequenziellen prozessmodellbasierten Applikationsmethode von *Ferit Küçükay* [15] kam ein KNN als Prozessmodell zum Einsatz. Die glatten und stationären Zusammenhänge zwischen den Parametersätzen und den Bewertungsnoten lassen sich von den Metamodellen gut approximieren. Deshalb kann das KNN die Bewertungsnote für unbekannte Parametersätze vorhersagen. Damit kann die Methode je nach Anforderung verschiedene Optima unabhängig vom echten System bestimmen.

Die sequenziellen prozessmodellbasierten Methoden zeigen Potenziale zur Anwendung in der Rapid-Prototyping-Vorentwicklung. Trotzdem ist der Datenbedarf noch weiter zu reduzieren.

Wie in Abschnitt 2.4.1 vorgestellt, ermöglicht die iterative Applikation eine adaptive Versuchsplanung, um den Datenbedarf zu reduzieren und eine hohe Vorhersagegenauigkeit des Simulationsmodells zu erreichen. Eine iterative prozessmodellbasierte Methode wurden erst von *Donald R. Jones* [16] in den Ingenieurwissenschaften eingeführt. Trotz der stark zunehmenden Aufmerksamkeit werden die meisten iterativen prozessmodellbasierten Methoden für die Optimierung in Computer-Experimenten entwickelt [17]. Im Jahr 2013 hat *Sebastian Kahlbau* [18] eine solche Methode in die reale Welt gebracht. In seiner Methode wurde ein Kriging-Modell als Prozessmodell eingesetzt. Durch die iterative Vorgehensweise konnte Sebastian Kahlbau das Pareto-Optimum der Schaltqualität eines Automatikgetriebes bezüglich mehrerer Anforderungen effizient identifizieren (mehrkriterielle Optimierung). Er hat damit bewiesen, dass die iterativen prozessmodellbasierten Methoden auch in einer realen Umgebung große Potenziale aufweisen. Für die Anwendung in einer Rapid-Prototyping-Umgebung sind allerdings noch Weiterentwicklungen erforderlich.

3.3 Kernprozess der Applikationsmethode

In dieser Dissertation wird eine effiziente generische automatische Applikationsmethode (eGAA) gezielt für die Rapid-Prototyping-Vorentwicklung entwickelt. Die grundlegende Vorgehensweise basiert auf der iterativen prozessmodellbasierten Methode wie in Abbildung 3.2 schematisch dargestellt.

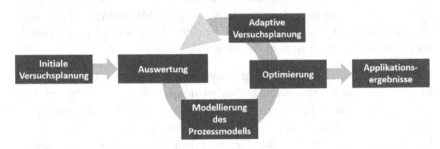

Abbildung 3.2: Kernprozess der effizienten generischen automatischen Applikationsmethode

Im Folgenden werden die einzelnen Schritte ausführlich erklärt:

Initiale Versuchsplanung: um die Grunddaten zur Erstellung des ersten Prozessmodells zu erzeugen, wird ein initialer Versuchsplan mit der sogenannten Latin-Hypercube-Methode (s. Abschnitt 4.4) erstellt.

Auswertung: Entsprechend des Versuchsplans werden die ausgewählten Parametersätze im Rapid-Prototyping-System getestet. Zur Automatisierung des Applikationsprozesses wird die Bewertung des Systemverhaltens mit einem Bewertungsmodell durchgeführt. Das Bewertungsmodell in der eGAA ist ein Kriging-Modell und bildet den Zusammenhang zwischen den objektiven Messdaten und der subjektiven Bewertungsnote nach. Dies wird in Kapitel 7 ausführlich diskutiert.

Modellierung des Prozessmodells: in der eGAA wird als Prozessmodell ebenfalls ein Kriging-Modell eingesetzt. Das Kriging-Modell wird mit den vorhandenen Testdaten erstellt, um die Bewertungsnote von nicht getesteten Werten der Softwareparameter vorherzusagen. Das Kriging-Modell weist mit relativ wenigen Trainingsdaten schon gute Vorhersagegenauigkeit auf und kann die Unsicherheit der Vorhersage abschätzen. Damit ist eine effiziente adaptive Versuchsplanung möglich. Die grundlegenden Kenntnisse und die konkrete Anwendung des Kriging-Modells werden in Kapitel 4 vorgestellt.

Optimierung: Durch numerische Optimierungsalgorithmen, beispielsweise evolutionäre Algorithmen, kann der optimale Parametersatz bestimmt werden, der die beste vorhersagte Bewertungsnote im erstellten Kriging-Modell erreicht. Dann wird beurteilt, ob die Stoppkriterien wie beispielsweise das Erreichen einer Mindest-Bewertungsnote, bereits erfüllt sind. Wenn ja, wird der gefundene Parametersatz als Applikationsergebnis ausgegeben.

Adaptive Versuchsplanung: wenn die Stoppkriterien noch nicht erfüllt sind, muss die eGAA die Versuchspunkte für die nächsten Versuche bestimmen. Auf Basis der Vorhersagen und der Unsicherheiten, die vom aktuellen Kriging-Modell geliefert werden, ist die eGAA in der Lage, das Verbesserungspotenzial eines beliebigen Parametersatzes abzuschätzen und damit den nachfolgenden Versuchsplan zu erstellen. Dieser Schritt ist die sogenannte adaptive Versuchsplanung, die in Kapitel 5 genauer untersucht wird.

4 Prozessmodell

Wie im Kapitel 1 beschrieben, schafft das Prozessmodell das Fundament für die effiziente generische automatische Applikation (eGAA). Die Auswahl der Metamodellierungsmethode hat erhebliche Auswirkungen auf die Applikationseffizienz und die Konvergenz zum globalen Optimum. Um ein geeignetes Metamodell zu finden, werden die üblicherweise verwendeten Metamodellierungsmethoden zunächst in Abschnitt 4.1 kategorisiert und in Abschnitt 4.2 analysiert. Aufbauend auf der Analyse wird eine vielseitige und universelle Methode, das Kriging-Modell, ausgewählt und in Abschnitt 4.3 detailliert dargestellt. Um an den Anwendungsfall Software-Rapid-Prototyping besser angepasst zu sein, muss das Kriging-Modell gezielt für die Robustheit gegenüber Messgeräuschen erweitert werden. Die Erweiterung wird im folgenden Abschnitt 4.3.4 gezeigt. Im letzten Abschnitt 4.4 wird die Abstimmung der Hyperparameter beschrieben, was wichtig für die generische Anwendung ist.

4.1 Metamodellierung

4.1.1 Klassifizierung der Methoden zur Metamodellierung

Man stelle sich vor, dass ein Prozessmodell k Parameter $x = \{x^{(1)}, ..., x^{(k)}\}$ als Eingänge hat. Die Ausgänge, die Bewertungsnoten, werden mit $y = f(x) = \{y^{(1)}, ..., y^{(l)}\}$ bezeichnet. Nach Durchführung eines Versuchsplans mit n Versuchspunkten werden die Testdaten gesammelt, die aus den getesteten Parametersätzen $X_D = \{x_1, ..., x_n\}$ und den entsprechenden Bewertungsnoten $Y_D = \{y_1, ..., y_n\}$ bestehen.

Aus den Testdaten (X_D, Y_D) lässt sich eine mathematische Funktion $\hat{y} = g(x)$ ableiten, welche den unbekannten Zusammenhang $y = f(x)$ approximieren kann. Diese Funktion wird als Metamodell bezeichnet.

In Abhängigkeit der Verwendung der Testdaten können die Metamodelle grob in zwei Kategorien eingeteilt werden. Wenn ein Metamodell die Testda-

© Der/die Autor(en), exklusiv lizenziert durch
Springer Fachmedien Wiesbaden GmbH, ein Teil von Springer Nature 2022
J. Liao, *Generische automatische Applikation für die Vorentwicklung von
Hybridgetrieben in Rapid–Prototyping–Umgebung*, Wissenschaftliche Reihe
Fahrzeugtechnik Universität Stuttgart, https://doi.org/10.1007/978-3-658-36814-2_4

ten nur während des Trainierens verwendet, wird das Metamodell als Trainingsmodell bezeichnet. Falls die Testdaten ein Bestandteil des Metamodells sind, wird dieses Metamodell Interpolationsmodell genannt.

Ein Trainingsmodell erfordert eine vordefinierte funktionale Form $\hat{y} = g_{Tr}(x, \beta)$, bspw. Spline, Polynome oder neuronale Netzwerke. Die Modellparameter β des Trainingsmodells werden so verstellt, dass die Vorhersagen $\hat{Y}_D$ für die Punkte X_D den realen Werten Y_D möglichst nahe kommen.

$$y = \hat{y} + \varepsilon = g_{Tr}(x, \beta) + \varepsilon \qquad \beta = \arg\min \varepsilon_D \qquad \text{Gl. 4.1}$$

Nach dem Trainieren kann das Trainingsmodell Vorhersagen für unbekannte Parametersätze treffen, ohne die Testdaten wieder aufzurufen. Anschaulich ausgedrückt fungieren die Testdaten als „Lehrer" für das Trainingsmodell.

Im Gegensatz zum Trainingsmodell bietet das Interpolationsmodell eine andere Möglichkeit zur Datennutzung: Testdaten werden zu einem Bestandteil des Interpolationsmodells, genauer gesagt zu den Stützstellen der Vorhersagen.

Ein Interpolationsmodell erfordert auch eine vordefinierte Funktion $\hat{y} = g_{Int}(\cdot)$. Anders als die Funktion im Trainingsmodell verwendet die Funktion im Interpolationsmodell die vorhandenen Testdaten, die Stützstellen, zur Berechnung der Vorhersage $\hat{y}$, wie in Gl. 4.2 gezeigt. Diese Funktion leitet die unbekannten Werte an den dazwischenliegenden Stellen ab.

$$\hat{y} = g_{Int}(x, X_D) \qquad \text{Gl. 4.2}$$

Dieser Prozess wird als Interpolation bezeichnet und die Funktion wird Ansatzfunktion genannt. Die Verwendung der Stützstellen ermöglicht es, mit relativ einfachen Ansatzfunktionen sich einem komplexen Zusammenhang anzunähern.

4.2 Künstliche neuronale Netzwerke

Häufig verwendete Trainingsmodelle sind künstliche neuronale Netzwerke (KNN), welche durch das biologische Nervensystem inspiriert wurden.

In Abbildung 4.1 wird ein Grundtyp des KNNs gezeigt. Die Hauptelemente eines KNNs bilden sogenannte Neuronen, die auf unterschiedliche Ebenen aufgeteilt werden. Die Neuronen auf der ersten Ebene erhalten die Parameter x als Eingangssignale.

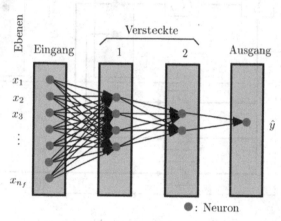

Abbildung 4.1: Grundlegende Struktur des KNNs

Die Neuronen auf den anderen Ebenen berechnen den eigenen Wert durch Gl. 4.3. Darin ist $\beta_{k,j}$ die Gewichtung zwischen zwei Neuronen und f_{aktiv} die Aktivierungsfunktion wie beispielsweise eine sigmoidale Funktion oder eine Hyperbelfunktion.

$$S_{k+1,i} = f_{aktiv}\left(\sum_{j=1}^{n_k} \beta_{k,j} \cdot S_{k,j} + \beta_{k,0}\right)$$

Gl. 4.3

Die Werte der Neuronen auf der letzten Ebene sind die Vorhersage $\hat{y}$ des KNNs. Die Berechnung der Ausgänge startet mit der Eingangsschicht und läuft dann Schicht für Schicht bis zur Ausgangsschicht. Dieser Verlauf wird als Forward-Propagation bezeichnet. Dementsprechend werden solche KNNs durch den Zusatz „Feedforward" gekennzeichnet (Ff-KNN).

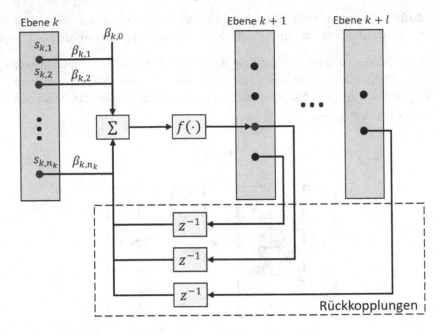

Abbildung 4.2: Forward-Propagation und Rückkopplung

Die Verbindungen des KNNs können auch „rückwärtsgehen" wie in Abbildung 4.2 gezeichnet. Die Neuronen einer Schicht können mit sich selbst, anderen Neuronen derselben oder Neuronen einer vorangegangenen Schicht verbunden werden. Dadurch kann ein solches KNN sequenzielle Daten oder ein dynamisches System nachbilden. KNNs mit derartigen Rückkopplungen werden als rekurrente neuronale Netzwerke bezeichnet. Die Rechenzeit und der Trainingsaufwand der rekurrenten neuronalen Netzwerke sind deutlich höher als bei Ff-KNN und, wie in 1 erwähnt, ist das Prozessmodell in der eGAA-Methode statisch. Aus diesen Gründen werden für die eGAA-Methode Ff-KNNs ausgewählt.

Zur Bestimmung der verschiedenen Gewichte des Ff-KNN wird die mittlere quadratische Abweichung (MSE, Mean Squared Error) zwischen den vorhandenen Daten Y_D und den Vorhersagen $\widehat{Y}_D$ durch ein numerisches Verfahren minimiert. Dieser Prozess wird als Training bezeichnet.

$$\beta = \arg\min(MSE) = \arg\min\left\{\sum|\widehat{Y}_D - Y_D|^2\right\} \qquad \text{Gl. 4.4}$$

Im Feedforward-Netzwerk sind die Gradienten der MSE in Abhängigkeit der jeweiligen Gewichte $\frac{d(MSE)}{d(\beta_{k,j})}$ analytisch berechenbar. Im Gegensatz zur Berechnung der Ausgangswerte erfolgt die Berechnung der Gradienten von der Ausgangsschicht rückwärts.

Damit sind verschiedene Gradientenverfahren beim Training einsetzbar wie beispielsweise das Levenberg-Marquardt-Verfahren, welches in Abschnitt 4.4.1 vorgestellt wird.

Allerdings muss die Überanpassung (engl. Overfitting) während des Trainings vermieden werden. Unter Überanpassung versteht man, dass ein KNN die Testdaten sehr gut anpasst, aber trotzdem die Werte an unbekannten Stellen schlecht vorhersagen kann, siehe Abbildung 4.3.

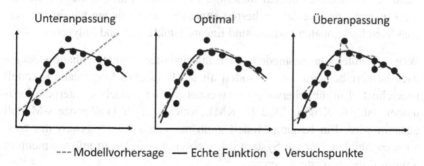

Abbildung 4.3: Unteranpassung und Überanpassung

Eine mögliche Lösung zur Vermeidung der Überanpassung ist die Validierung während des Trainings. Die vorhandenen Testdaten werden in zwei Gruppen aufgeteilt: Trainingsdaten (X_T, Y_T) und Validierungsdaten (X_V, Y_V). Während des Trainierens werden nur die Trainingsdaten in Gl. 4.4 verwendet. Die Vorhersagegenauigkeit des trainierten Metamodells wird durch die Summe der quadratischen Abweichungen $MSE_V = \sum|\hat{Y}_V - Y_V|^2$ ausgewertet. Die Gewichte, welche hohe MSE_V verursachen, werden beim Training vernachlässigt.

4.3 Kriging-Modell

Die Interpolationsmodelle unterscheiden sich in den Ansatzfunktionen. Wenn die Ansatzfunktion eine deterministische funktionale Form hat, wird das Interpolationsmodell als deterministisch bezeichnet.

$$\hat{y} = g_d(x, X_D) \qquad \text{Gl. 4.5}$$

Für jeden Parametersatz x lässt sich eine festgelegte Interpolante $\hat{y}$ durch die Ansatzfunktion $g_d(x, X_D)$ berechnen. Je nach funktionaler Form ergeben sich unterschiedliche Interpolanten. In der praktischen Anwendung muss der Benutzer zunächst empirisch diejenige funktionale Form festlegen, welche die Anwendungssituation am besten anpassen kann. Die am häufigsten verwendeten funktionalen Formen sind lineare Funktionen und Polynome.

Wenn ein Interpolationsmodell einen unbekannten Zusammenhang stochastisch beschreibt, wird dieses Modell als stochastisches Interpolationsmodell bezeichnet. Ein üblicherweise verwendetes stochastisches Interpolationsmodell ist das Kriging-Modell (KM), welches auch Gaußprozess-Modell genannt wird. Ein Kriging-Modell kann nur einen Ausgangswert des Systems nachbilden. Für ein System mit mehreren Ausgängen müssen mehrere Kriging-Modelle erstellt werden.

Um die grundlegende Idee des Kriging-Modells besser zu erklären, wird ein 1-dimensionales System (ein Eingang und ein Ausgang) als Beispiel betrachtet. Am Anfang sind keine Kenntnisse über dieses System verfügbar. Theoretisch können unendlich viele deterministische Zufallskurven $\hat{y} = g_d(\cdot)$ erzeugt werden wie in Abbildung 4.4 (a) gezeigt. Der tatsächliche Zusammenhang zwischen Eingang und Ausgang kann eine beliebige Zufallskurve sein.

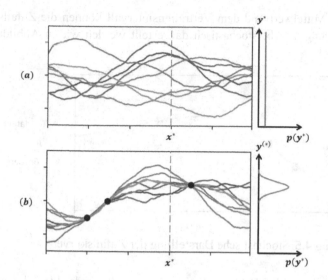

Abbildung 4.4: (a) Zufallskurven; (b) Zufallskurven mit Testdaten

Um alle möglichen Kurven zu berücksichtigen, betrachtet das Kriging-Modell den Wert $y^{(*)}$ an einer beliebigen Stelle $x^{(*)}$ nicht mehr als einen deterministischen Wert sondern als eine normalverteilte Zufallsvariable $\varepsilon^{(*)} \sim \mathcal{N}(\mu, \sigma^2)$. Wenn keine Testdaten oder Vorkenntnisse zur Verfügung stehen, ist die Verteilung unbekannt, aber überall identisch.

Allerdings sind die Zufallsvariablen an unterschiedlichen Stellen abhängig: alle Zufallsvariablen müssen zu einer kontinuierlichen Kurve zusammengesetzt werden können. Sofern die bekannten Testdaten (X_D, Y_D) vorhanden sind, werden die Zufallskurven in Abbildung 4.4 (a) „gefiltert". Nur die Zufallskurven, welche diese drei Datenpunkte durchlaufen, werden weiter berücksichtigt wie in Abbildung 4.4 (b) gezeigt. Dementsprechend ändert sich die Verteilung der Zufallsvariable an einer unbekannten Stelle. Die Verteilung dieser Zufallsvariable ist nicht mehr überall identisch, sondern abhängig von den Testdatenpunkten (X_D, Y_D) und der Stelle x:

$$\varepsilon(x) \sim \mathcal{N}\left(\mu\big(x, (X_D, Y_D)\big), \sigma^2\big(x, (X_D, Y_D)\big)\right) \qquad \text{Gl. 4.6}$$

Mit dem Mittelwert und dem Vertrauensintervall können die Zufallskurven in Abbildung 4.4 (b) stochastisch dargestellt werden wie in Abbildung 4.5 gezeigt.

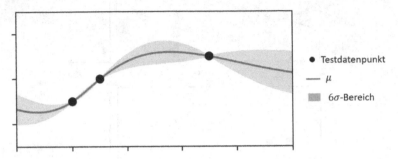

Abbildung 4.5: Stochastische Darstellung der Zufallskurven

Diese stochastische Darstellung ist die grundlegende Idee des Kriging-Modells. Der Mittelwert wird als die Vorhersage $\hat{y}$ des Modells verwendet und mit der Varianz σ ist es möglich, die Unsicherheit dieser Vorhersage abzuschätzen.

Um ein solches Kriging-Modell in Betrieb zu nehmen, müssen die zwei Zusammenhänge $\mu \sim (x, (X_D, Y_D))$ und $\sigma^2 \sim (x, (X_D, Y_D))$ abgeleitet werden. Ein wichtiger Begriff für die Ableitung ist die Korrelation, die in Abschnitt 4.3.1 erläutert wird. Wenn die funktionale Form der Korrelationsfunktion bestimmt wird, müssen die Funktionsparameter mit den Testdaten trainiert werden. Für die Korrelationsfunktion kommt die Maximum-Likelihood-Methode zum Einsatz wie in Abschnitt 4.3.2 vorgestellt. Nach dem Trainieren sind die zwei Zusammenhänge bekannt und das Kriging-Modell kann schließlich die Bewertungsnote vorhersagen. Die ausführliche mathematische Darstellung des Kriging-Modells $\hat{y} = g_{KM}(x, (X_D, Y_D))$ befindet sich in Abschnitt 4.3.3.

4.3.1 Korrelation

Die Zufallsvariablen $\varepsilon(x)$ im Kriging-Modell haben eine grundlegende Randbedingung: alle Zufallsvariablen müssen zusammen eine kontinuierliche Zufallskurve $y_z = g_z(x)$ ergeben, d.h. die Zufallsvariablen sind korreliert. Wenn der Wert $y_{z,i} = g_z(x_i)$ an einer Stelle x_i bekannt ist, wird die Wahrscheinlichkeitsverteilung der Zufallsvariable an einer anderen Stelle x_j auch entsprechend beeinflusst. Die geänderte Verteilung wird als bedingte Verteilung oder A-posteriori-Verteilung bezeichnet. Diese Abhängigkeit zwischen Zufallsvariablen kann durch die Korrelation statistisch bewertet werden. Je größer die Korrelation ist, desto stärker ist die Abhängigkeit.

Zur statistischen Berechnung der Korrelation würde man mehrere zufällig ausgewählte Zufallskurven $\left\{ y_z^{(k)} \big| k = 1, \dots, N \right\}$ erwarten:

$$m_i = \frac{1}{N-1} \sum_{k=1}^{N} \left(y_{z,i}^{(k)} \right), \quad s_i = \frac{1}{N-1} \sum_{k=1}^{N} \left(y_{z,i}^{(k)} - m_i \right)^2 \qquad \text{Gl. 4.7}$$

$$corr(\varepsilon_i, \varepsilon_j) = \frac{1}{N-1} \sum_{k=1}^{N} \frac{\left(y_{z,i}^{(k)} - m_i \right) \cdot \left(y_{z,j}^{(k)} - m_i \right)}{s_i s_j} \qquad \text{Gl. 4.8}$$

In der Praxis sind die Zufallskurven zu aufwändig beziehungsweise unrealistisch zu erzeugen. Um die Korrelation mathematisch zu beschreiben setzt das Kriging-Modell eine angenommene Funktion des Abstands d zwischen den Punkten x_i und x_j ein. Dieser Abstand ist ein Maß für die Unterschiedlichkeit zweier Parametersätze wie in Gl. 4.9 gezeigt.

$$corr(\varepsilon_i, \varepsilon_j) \sim d(x_i, x_j) \qquad \text{Gl. 4.9}$$

$$d(x_i, x_j) = \sum_{l=1}^{k} \theta^{(l)} \left| x_i^{(l)} - x_j^{(l)} \right|^{p^{(l)}} \qquad \text{Gl. 4.10}$$

Der Zusammenhang in Gl. 4.9 bleibt allerdings noch unklar. Dieser Zusammenhang kann aus der menschlich intuitiven Vermutung abgeleitet werden, wie im Folgenden gezeigt wird.

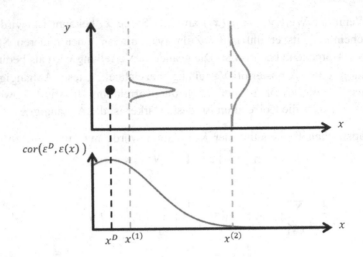

Abbildung 4.6: Korrelation zwischen einem bekannten und einem unbekannten Testpunkt

In Abbildung 4.6 gibt es einen bekannten Testpunkt an der Stelle x_d. An der bekannten Stelle ist ε_d gleich y_d und ist deterministisch, d.h. $\mu_d = y_d$ und $\sigma_d = 0$.

Für einen ähnlichen Parametersatz (einen nahestehenden Punkt) x_1 legt die menschliche Vermutung nahe, dass die Bewertungsnoten y_1 und y_d vergleichbar sein sollten ($\mu^1 \rightarrow y_d = \mu_d$) und dass die Unsicherheit der Vermutung relativ klein sollte ($\sigma_1 \rightarrow 0 = \sigma_d$). D.h. die Verteilungen an der Stelle x_1 und x_d sind stark korreliert und dementsprechend soll die Korrelation groß sein ($corr(\varepsilon_d, \varepsilon_1) \rightarrow 1$).

Für einen deutlich anderen Parametersatz x_2 kann man den Wert y_2 logischerweise weniger genau vorhersagen. Dementsprechend muss $\varepsilon(x_2)$ eine kleine Korrelation mit dem bekannten Datenpunkt aufweisen.

Um einen solchen Zusammenhang nachzubilden, wird die Korrelationsfunktion (Gl. 4.9) als exponentiell angenommen [16]:

$$corr(\varepsilon_i, \varepsilon_j) = \exp\left(-\sum_{l=1}^{k} \theta^{(l)} \left|x_i^{(l)} - x_j^{(l)}\right|^{p^{(l)}}\right)$$ Gl. 4.11

In der Korrelationsfunktion Gl. 4.11 sind die Korrelationsparameter $\theta = \{\theta^{(1)}, ..., \theta^{(k)}\}$ und $p = \{p^{(1)}, ..., p^{(k)}\}$ noch unbekannt. Im Interpolationsmodell gibt es keine Abweichung an den Stützstellen. Deswegen gilt das Minimieren der mittleren quadratischen Abweichung in Gl. 4.1 nicht für die Funktionsparameter. Sie werden aus den Testdaten durch die Maximum-Likelihood-Methode (MLE, engl. *Maximum-Likelihood-Estimation*) festgelegt.

4.3.2 Maximum-Likelihood-Methode

Die Maximum-Likelihood-Methode ist eine in der Statistik verwendete Schätzmethode. Durch die Maximum-Likelihood-Methode werden die unbekannten Parameter in der Wahrscheinlichkeitsfunktion so verstellt, dass das Auftreten der Testdaten am wahrscheinlichsten wird.

Dazu muss zuerst die bedingte Wahrscheinlichkeit, nämlich die Wahrscheinlichkeit des Eintretens der Testdaten unter den Bedingung $\theta = \theta^*$ und $p = p^*$, berechnet werden. Wie schon erwähnt betrachtet das Kriging-Model alle Werte als identisch normalverteilte Zufallsvariablen $\varepsilon(x) \sim \mathcal{N}(\mu, \sigma^2)$, wenn keine Testdaten vorhanden sind. Die Datensammlung an n Versuchspunkten X_D lässt sich als n Stichproben von n identisch und abhängig verteilten Zufallsvariablen betrachten. Die Wahrscheinlichkeit der n Stichproben lässt sich durch die multidimensionale Normalverteilung beschreiben:

$$\begin{pmatrix} \varepsilon_1 \\ \vdots \\ \varepsilon_n \end{pmatrix} \sim \mathcal{N}\left(\begin{pmatrix} \mu \\ \vdots \\ \mu \end{pmatrix}, \begin{pmatrix} \gamma^{1,1} & \cdots & \gamma^{1,n} \\ \vdots & \ddots & \vdots \\ \gamma^{n,1} & \cdots & \gamma^{n,n} \end{pmatrix}\right)$$ Gl. 4.12

Darin steht $\gamma^{i,j}$ für die Kovarianz zwischen ε_i und ε_j.

$$\gamma^{i,j} = cov(\varepsilon_i, \varepsilon_j) = \sigma^2 \cdot corr(\varepsilon_i, \varepsilon_j) \qquad \text{Gl. 4.13}$$

Jede Dimension der Gl. 4.12 entspricht der Wahrscheinlichkeitsverteilung der Zufallsvariablen an einer bestimmten Stelle. In der Praxis können die Werte y auf dem Intervall $[-1,1]$ normalisiert werden. Deshalb wird $\mu = 0$ angenommen. Wird die Kovarianz-Matrix als $\Gamma = \{\gamma^{i,j} | i,j = 1 \dots n\}$ bezeichnet, lässt sich die multidimensionale Normalverteilung von Gl. 4.12 in $\varepsilon \sim \mathcal{N}(0, \Gamma)$ simplifizieren [19].

Gemäß dieser Verteilung ist die bedingte Wahrscheinlichkeit, dass sich genau Y_D an den n Stichproben X_D ergibt, wie folgt anhand der Dichtefunktion der multidimensionalen Normalverteilung zu berechnen:

$$p(Y_D | \omega, X_D) = \frac{1}{\sqrt{(2\pi)^n \det(\Gamma)}} \exp\left(-\frac{1}{2} Y_D^T \Gamma^{-1} Y_D\right) \qquad \text{Gl. 4.14}$$

Darin bezeichnet ω die unbekannten Parameter $\omega = \{\theta, p, \sigma\}$.

Danach wird diese bedingte Wahrscheinlichkeit maximiert, um die unbekannten Parameter ω zu bestimmen. Wegen der strengen Monotonie der exponentiellen Funktion kann Gl. 4.14 in eine üblicherweise verwendete Form, die Log-Likelihood-Funktion, umgewandelt werden.

$$\begin{aligned} L &= \ln\left(p(Y_D | \omega, X_D)\right) \\ &= -\frac{n}{2}\ln(2\pi) - \frac{1}{2}\ln(\det \Gamma) - -\frac{1}{2} Y_D^T \Gamma^{-1} Y_D \end{aligned} \qquad \text{Gl. 4.15}$$

Diese logarithmische Wahrscheinlichkeit L ist nur abhängig von den Korrelationsparametern $\{\theta, p\}$ und der Varianz σ der Normalverteilung. Die Maximum-Likelihood-(ML-)Schätzung $\hat{\omega} = \{\hat{\theta}, \hat{p}, \hat{\sigma}\}$ wird durch die Maximierung von Gl. 4.15 berechnet. Diese ML-Schätzung bewirkt eine optimale Abwägung zwischen der Genauigkeit der Vorhersage und der Einfachheit des Modells.

Ähnlich wie das Trainieren des künstlichen neuronalen Netzwerks muss das trainierte Kriging-Modell auch validiert werden, um die Anpassungsgüte zu bewerten und Überanpassung zu vermeiden.

Die grundlegende Idee dafür ist die Hold-Out-Methode. Bei der Hold-Out-Methode werden die vorhandenen Daten in zwei Gruppen aufgeteilt, eine fürs Trainieren und die andere fürs Validieren. Allerdings ist die erreichbare Vorhersagegenauigkeit des Kriging-Modells stark abhängig von der Menge der Trainingsdaten. Die Reduktion der Trainingsdaten verringert unvermeidlich die Leistungsfähigkeit des Kriging-Modells. Andererseits weist die validierte Leistungsfähigkeit eine hohe Varianz auf, wenn der Datensatz zur Validierung zu klein ist. Aus diesen Gründen erhöht diese Validierungsmethode den Bedarf an Testdaten erheblich.

Um dieses Problem zu lösen, wird meistens die sogenannte Kreuzvalidierung verwendet. Bei der Kreuzvalidierung werden die vorhandenen Testdaten in k gleich große Untergruppen $U = \{U_1, \dots, U_k\}$ aufgeteilt. Dann wird die Validierung k–mal durchgeführt. Bei jeder Validierung wird eine Untergruppe als Validierungsdatensatz verwendet und die restlichen werden als Stützpunkte des Kriging-Modells verwendet. Dadurch wird die bedingte logarithmische Wahrscheinlichkeit $\ln\big(p(U_i|\omega, U_{-i})\big)$ berechnet. Die Anpassungsgüte des Kriging-Modells wird durch die Summe der k bedingten Wahrscheinlichkeiten ausgewertet.

Im extremen Fall ist k gleich der Datenanzahl n_D. Eine solche Kreuzvalidierung wird Leave-One-Out-(LOO-) Methode genannt. Die LOO-Wahrscheinlichkeit ist durch Gl. 4.16 und Gl. 4.17 zu berechnen [19]:

$$\ln\big(p(y_i|\omega, \boldsymbol{Y}_{-i})\big) = -\frac{1}{2}\ln\big(2\pi\sigma_i^2\big) - \frac{(y_i - \mu_i)^2}{2\sigma_i^2} \qquad \text{Gl. 4.16}$$

$$LOO(\boldsymbol{X}^D, \boldsymbol{Y}^D, \omega) = \sum_{i=1}^{n_D} \ln\big(p(y_i|\omega, \boldsymbol{Y}_{-i})\big) \qquad \text{Gl. 4.17}$$

Durch diese Methode, die von *S. Sundararajan* und *S. S. Keerthi* [20] im Jahr 2001 initialisiert wurde, sind der Mittelwert μ_i und die Varianz σ_i aus der

Inverse der gesamten Varianzmatrix Γ^{-1} effizient zu berechnen, ohne die Inverse der Matrix wiederholt zu bestimmen:

$$\mu_i = y_i - \frac{[\Gamma^{-1} \cdot Y_D]_i}{[\Gamma^{-1}]_{ii}} \qquad \sigma_i^2 = \frac{1}{[\Gamma^{-1}]_{ii}} \qquad \text{Gl. 4.18}$$

Durch Maximieren von Gl. 4.17 kann auch eine ML-Schätzung $\hat{\omega}$ ermittelt werden. Gemäß G. *Wahba* [21] hat die ML-Schätzung mit der LOO-Wahrscheinlichkeit eine höhere Robustheit als die bedingte Wahrscheinlichkeit in Gl. 4.14. Außerdem ist der Rechenaufwand für die LOO-Wahrscheinlichkeit in etwa identisch mit dem der logarithmischen Wahrscheinlichkeit L in Gl. 4.15. Aus diesen Gründen wird in der eGAA die LOO-Wahrscheinlichkeit verwendet.

4.3.3   Vorhersage des Kriging-Modells

Nach der Abstimmung der Parameter ist das Kriging-Modell bereit, die Werte an beliebigen unbekannten Stellen X_U vorherzusagen. Die Wahrscheinlichkeitsverteilungen ε_U bei X_U werden durch die multidimensionale Wahrscheinlichkeitsverteilung in Gl. 4.19 berechnet. Darin sind X_D die bekannten Versuchspunkte.

$$\begin{pmatrix} \varepsilon_U \\ \varepsilon_D \end{pmatrix} \sim \mathcal{N}\left(\begin{pmatrix} 0 \\ 0 \end{pmatrix}, \begin{pmatrix} \Gamma_{UU} & \Gamma_{UD} \\ \Gamma_{DU} & \Gamma_{DD} \end{pmatrix} \right) \qquad \text{Gl. 4.19}$$

Γ bezeichnet die Kovarianzmatrix und die Indizes stellen die beschriebenen Zufallsvariablen dar, beispielsweise. $\Gamma_{UD} = cov(\varepsilon_U, \varepsilon_D)$.

Sofern die gemessenen Werte Y^D an den bekannten Stelle X_D vorhanden sind, ergibt sich die bedingte Normalverteilung an den unbekannten Stellen in Gl. 4.20.

$$(\varepsilon_U | \varepsilon_D = Y_D) \sim \mathcal{N}\left(\Gamma_{UD} \cdot \Gamma_{DD}^{-1} \cdot Y_D, \Gamma_{UU} - \Gamma_{UD} \cdot \Gamma_{DD}^{-1} \cdot \Gamma_{DU} \right) \qquad \text{Gl. 4.20}$$

In der Praxis wird der Mittelwert der bedingten Normalverteilung als die bestmögliche Interpolation verwendet.

$$\widehat{Y}_U = g_{km}(X_U) = \Gamma_{UD} \cdot \Gamma_{DD}^{-1} \cdot Y_D \qquad \text{Gl. 4.21}$$

Die Varianz s_U dieser Verteilung spiegelt die Unsicherheit der Vorhersage wider. Die Unsicherheit spielt eine wichtige Rolle während der Adaptive-Versuchsplanung, welche in Kapitel 5 ausführlich diskutiert wird.

$$s_U = \Gamma_{UU} - \Gamma_{UD} \cdot \Gamma_{DD}^{-1} \cdot \Gamma_{DU} \qquad \text{Gl. 4.22}$$

4.3.4 Kriging-Regressionsmodell

Aus Gl. 4.21 und Gl. 4.22 ist abzuleiten, dass die Interpolationen des Kriging-Modells an den bekannten Punkten X_D und die gemessenen Werte gleich sind ($\widehat{Y}_D = Y_D$) sowie keine Abweichung erlaubt ist ($s_D = 0$). Im 1-dimensionalen Beispiel in Abbildung 4.7 bedeutet dies, dass die vom Kriging-Modell ausgegebene Interpolationskurve die Datenpunkte (X_D, Y_D) durchlaufen muss.

In Rapid-Prototyping-Anwendungen sind die gemessenen Systemausgänge in der Regel von Prozessgeräuschen, Umweltstörungen und Messgeräuschen beeinflusst. Wenn die Interpolationskurve gezwungen wird, alle verrauschten Datenpunkte zu durchlaufen, wird die Genauigkeit der Vorhersage an unbekannten Punkten durch Überanpassung (Overfitting) verschlechtert wie das 1-dimensionale Beispiel in Abbildung 4.7 zeigt.

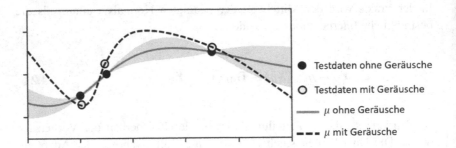

Abbildung 4.7: Überanpassung des Kriging-Modells aufgrund von verrauschten Messdaten

Um das Kriging-Modell in einer Rapid-Prototyping-Umgebung zu verwenden, müssen auch die Geräusche berücksichtigt werden. Es wird angenommen, dass die Messdaten von den Geräuschen e verrauscht werden, und die Messwerte werden als $\varepsilon_r = \varepsilon + e$ bezeichnet. Dementsprechend wird die Kovarianz zwischen den verrauschten Werten in Gl. 4.23 gezeigt.

$$\gamma^{i,j} = cov(\varepsilon_i, \varepsilon_j) + cov(\varepsilon_i, e_j) + cov(e_i, \varepsilon_j) + cov(e_i, e_j) \qquad \text{Gl. 4.23}$$

In der Praxis wird üblicherweise angenommen, dass die Geräusche unabhängige zufällige Abweichungen sind und an jeder Stelle derselben Verteilung folgen. D.h. es gibt weder zwischen den Geräuschen e und den Werten ε, noch zwischen den Geräuschen an den unterschiedlichen Stellen eine Korrelation.

Ausgehend davon kann die Berechnung der Korrelation in Gl. 4.24 simplifiziert werden:

$$\gamma^{i,j} = cov(\varepsilon_i, \varepsilon_j) + cov(e_i, e_j) = \begin{cases} cor(\varepsilon_i, \varepsilon_j) + \sigma_\lambda^2 & i = j \\ cor(\varepsilon_i, \varepsilon_j) & i \neq j \end{cases} \qquad \text{Gl. 4.24}$$

Mit Gl. 4.24 ist die Korrelationsmatrix $\mathbf{\Gamma}_{DD}$ zu modifizieren.

$$\hat{Y}_U = \Gamma_{UD}\left(\Gamma_{DD} + I\sigma_\lambda^2\right)^{-1}Y_D$$

$$s_U = \Gamma_{UU} - \Gamma_{UD} \cdot \left(\Gamma_{DD} + I\sigma_\lambda^2\right)^{-1} \cdot \Gamma_{DU}$$

Gl. 4.25

Darin ist I die Diagonal-Matrix und σ_λ die Varianz der Geräusche. σ_λ wird zusammen mit den Korrelationsparametern durch die MLE berechnet. Wird die Korrelationsmatrix Γ_{DD} durch Γ'_{DD} ersetzt, ergibt sich das regressionsfähige Kriging-Modell.

In einem solchen Kriging-Modell muss die Interpolationskurve nicht zwingend die gemessenen Datenpunkte durchlaufen ($s_{D,KRM} > 0$) wie in Abbildung 4.8 gezeigt. Deswegen wird dieses Modell als Kriging-Regressionsmodell (KRM) bezeichnet.

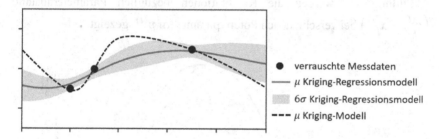

● verrauschte Messdaten
— μ Kriging-Regressionsmodell
▓ 6σ Kriging-Regressionsmodell
--- μ Kriging-Modell

Abbildung 4.8: Kriging-Regressionsmodell für ein verrauschtes eindimensionales System

4.3.5 Hyperparameter des Kriging-Modells

Wie in Abschnitt 4.3 vorgestellt, werden die Korrelationsparameter und die Regressionsparameter eines Kriging-Modells durch die Maximum-Likelihood-Methode berechnet. Allerdings müssen die Suchfelder bei der Parameterabstimmung spezifiziert werden: die zulässigen Bereiche der zu applizierenden Parameter können sich erheblich unterscheiden. Dementsprechend sollten die Suchfelder auch spezifisch festgelegt werden, was die generische Anwendbarkeit deutlich einschränkt.

Um dies zu vermeiden, können die zu applizierenden Parameter normalisiert werden. Zu empfehlen ist, dass die zulässigen Bereiche der Parameter x zu

[−1,1] umgewandelt werden. Dadurch gelten dieselben Suchfelder der Hyperparameter für verschiedene Parameter.

Die Hyperparameter $\{\theta^{(i)}, p^{(i)} | i = 1 \ldots k\}$ haben unterschiedliche Auswirkungen auf die Korrelation. Zur Erläuterung werden zwei Punkte x_i und x_j betrachtet, welche sich nur im l-ten Parameter $x^{(l)}$ unterscheiden. Die Korrelation dazwischen kann vereinfacht werden wie in Gl. 4.26 gezeigt.

$$\gamma^{i,j} = r_c \cdot \exp\left(-\theta^{(l)} \left|x_i^{(l)} - x_j^{(l)}\right|^{p^{(l)}}\right), \quad r_c = const. \qquad \text{Gl. 4.26}$$

In Gl. 4.26 bestimmt der Potenzparameter $p^{(l)}$ die Glätte der Korrelation. In Abbildung 4.9 werden die Korrelationen bezüglich Parameterabstand $\left(x_i^{(l)} - x_j^{(l)}\right)$ bei verschiedenen Potenzparametern $p^{(l)}$ gezeigt.

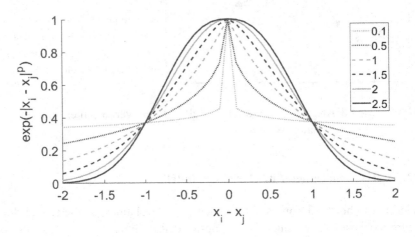

Abbildung 4.9: Korrelation bzgl. Parameterabstand bei unterschiedlichen Potenzparametern

Für die meisten Aufgaben in der technischen Optimierung gilt das empirische Suchfeld [1,2]. Um die Parametrisierung weiter zu vereinfachen, lässt sich in vielen Fällen die glatteste Korrelationskurve mit $p_l = 2$ verwenden, welche einen kontinuierlichen Gradienten bei $x_l^{(i)} - x_l^{(j)} = 0$ aufweist [16].

Der Gewichtungsparameter $\theta^{(l)}$ beschreibt, wie weit sich der Einfluss eines Stützpunkts x_l ausdehnen kann.

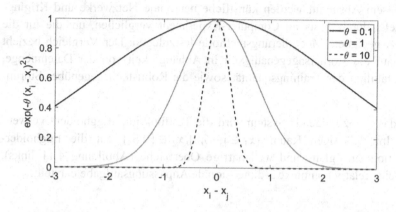

Abbildung 4.10: Korrelation bzgl. Parameterabstand bei unterschiedlichen Gewichtungsparametern

Ausgehend von Abbildung 4.10 ist klar, dass der kleinere Gewichtungsparameter in einem breiteren Einflussbereich resultiert. So zeigen beispielsweise bei $\theta_l = 0.1$ fast alle Punkte innerhalb von $[-2,2]$ eine hohe Korrelation. Anders formuliert sind die Werte an allen Punkten auch sehr ähnlich. Deshalb kann der Gewichtungsparameter θ_l auch sehr gut bewerten, wie empfindlich der Wert y gegenüber dem Parameter x_l ist. Je größer θ_l ist, desto größere Auswirkungen hat der Parameter x_l auf y.

Aus Abbildung 4.10 ergibt sich weiterhin, dass die Änderung von $\theta = 0.1$ bis $\theta = 10$ nicht linear ist. Die Korrelationskurve ändert sich deutlich stärker von $\theta = 0.1$ bis $\theta = 1$, als von $\theta = 1$ bis $\theta = 10$. Deshalb bietet es sich an, den Gewichtungsparameter θ_l auf einer logarithmischen Skala zu optimieren. Wenn die Parameter x auf $[-1,1]$ normalisiert werden, gilt das Suchfeld $[1e^{-3}, 1e^2]$ für die meisten Anwendungsfälle [22].

4.4   Vergleich der Metamodelle

In diesem Abschnitt werden künstliche neuronale Netzwerke und Kriging-Modelle durch Tests im Computer-Experiment verglichen, um die für die eGAA geeignete Modellierungsmethode festzulegen. Der Vergleich bezieht sich auf die Vorhersagegenauigkeit in Abhängigkeit von der Datenmenge, die Stabilität der Trainingsqualität sowie die Robustheit gegenüber Störungen.

Als das nachzubildende System wird die Testfunktion „Eggholder" verwendet. Im zulässigen Raum $\{x_1 \in [-5,0], x_2 \in [0,5]\}$ hat die Eggholder-Funktion eine glatte und wellenartige Oberfläche (Abbildung 4.11 links), was eine relativ komplexe 2-dimensionale Anpassungsaufgabe darstellt.

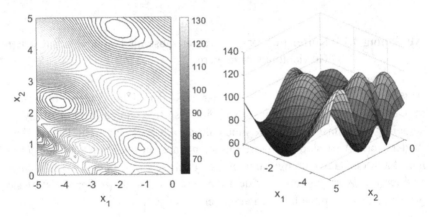

Abbildung 4.11: 2D- und 3D-Plot der Eggholder-Funktion

Im Computer-Experiment werden zuerst die Funktionswerte Y_D an den Versuchspunkten X_D „gemessen". Bei diesen „Messungen" können Störungen je nach Bedarf hinzugefügt werden. Dann werden ein Kriging-Modell und ein KNN mit den gewonnenen Trainingsdaten (X_D, Y_D) erstellt.

Nach dem Modellaufbau werden die zwei Modelle ausgewertet. Die Modellvorhersage $\hat{Y}_V$ an den Validierungspunkten X_V wird mit den entsprechenden Funktionswerten Y_V verglichen.

Zum Vergleich werden zwei Kennzahlen in Gl. 4.27 und Gl. 4.28 berechnet.

$$R^2 = 1 - \frac{\left(\sum|\widehat{Y}_V - Y_V|^2\right)}{\left(\sum|Y_V - \overline{Y}_V|^2\right)}, \quad \overline{Y}_V = \frac{1}{n_V}\sum Y_V \qquad \text{Gl. 4.27}$$

$$MAPE = \frac{1}{n_V}\left(\sum|(\widehat{Y}_V - Y_V)/Y_V|\right) \qquad \text{Gl. 4.28}$$

Das Bestimmtheitsmaß R^2 ist eine statische Kennzahl zur Beurteilung der Anpassungsgüte eines Regressionsmodells. Ist $R^2 = 1$, lässt sich die Testfunktion vom Metamodell vollständig nachbilden. Bei $R^2 = 0$ steht die Modellvorhersage in keinem linearen Zusammenhang mit dem Funktionswert.

In der Untersuchung der Robustheit gegenüber Störungen wird die Störung durch eine zufällige relative Abweichung emuliert. Deswegen wird die mittlere absolute prozentuale Abweichung (engl. mean absolut percentage error, MAPE) eingesetzt.

Die Anzahl der Validierungspunkte X_V beträgt 100 und die Verteilung der Punkte wird durch die Latin-Hypercube-Methode bestimmt. Der Datensatz (X_V, Y_V) bleibt unverändert in allen Tests in diesem Abschnitt.

4.4.1 Latin-Hypercube-Methode

Die Latin-Hypercube-Methode ist eine weit verbreitete Space-Filling-Methode, um einen optimalen Versuchsplan zu erstellen. Bei der Latin-Hypercube-Methode wird die Erstellung der Versuchspläne in zwei Schritte unterteilt.

Für einen Versuch mit n_p Parametern und n_r Versuchsproben wird zuerst eine $n_r \times n_p$ Matrix X_{LH} generiert. Jede Spalte der Matrix besteht aus einer zufälligen Permutation der Zahlen $\left\{\frac{1}{n_r}, \frac{2}{n_r}, ..., 1\right\}$. Diese Matrix X_{LH} ist die Basis des Versuchsplans.

Dann wird eine zufällige Perturbation $rand\left(0, \frac{1}{n_r}\right)$ von jedem Wert der Matrix X_{LH} abgezogen. Dadurch wird ein Latin-Hypercube-Versuchsplan X_{LHS} erstellt wie Abbildung 4.12 gezeigt.

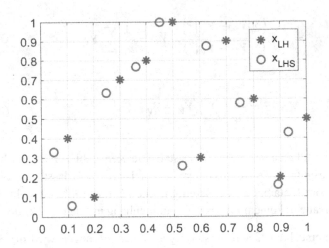

Abbildung 4.12: Latin-Hypercube-Versuchsplanung

4.4.2 Vorhersagegenauigkeit in Abhängigkeit der Datenmenge

Die Vorhersagegenauigkeit der Metamodelle spielt zweifellos eine entscheidende Rolle in der modellbasierten Optimierung. Bei der Anwendung in der Rapid-Prototyping-Applikation ist wegen der aufwändigen Datensammlung auch der Datenbedarf kritisch. Deswegen muss ein erhöhter Wert auf das Verhältnis zwischen Genauigkeit und Datenbedarf gelegt werden.

Hier wird die Leistungsfähigkeit des Kriging-Modells und des KNNs mit unterschiedlicher Menge an Trainingsdaten untersucht. Die Datenmenge variiert von 10 Punkten bis 1000 Punkten. Für jede Datenmenge werden 10 Proben durchgeführt. Bei jeder Probe wird die Verteilung der Versuchspunkte durch die Latin-Hypercube-Methode neu bestimmt. Die Trainingsdaten sind störungsfrei.

Die durchschnittliche MAPE- und R^2-Werte der 10 Proben werden in der folgenden Abbildung 4.13 gezeigt. Um den Zusammenhang zwischen Vorhersagegenauigkeit und der Menge der Trainingsdaten klar zu zeigen, wird die Datenmenge auf einer logarithmischen Skala dargestellt.

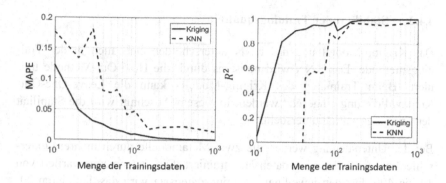

Abbildung 4.13: Vorhersagegenauigkeit des Kriging-Modells und des KNNs in Abhängigkeit von Menge der Trainingsdaten

Aus der Abbildung ergibt sich, dass das Kriging-Modell über einen bedeutenden Vorteil gegenüber dem KNN verfügt, wenn die Datenmenge kleiner als 100 Punkte ist. Mit 20 Trainingsdatenpunkten kann das Kriging-Modell schon eine akzeptable Qualität ($MAPE \leq 0.05$ & $R^2 \geq 0.8$) erreichen. Das KNN benötigt mindestens 80 Datenpunkte, um eine vergleichbare Qualität zu realisieren.

Dieser Unterschied ist auf die Anzahl der Hyperparameter zurückzuführen. Die Vorhersage des Kriging-Modells wird aus den vorhandenen Testdaten interpoliert. In dieser Anpassungsaufgabe sind nur drei Hyperparameter (2 Korrelationsparameter und 1 Regressionsfaktor) zu berechnen, um ein Kriging-Modell dafür zu generieren.

Im Vergleich dazu befindet sich das KNN in einem Dilemma. Wegen der Komplexität der nachzubildenden Testfunktion braucht das KNN ausreichende Neuronen auf der versteckten Ebene oder sogar mehrere versteckte Ebenen. Je höher die Anzahl der Neuronen und der versteckten Ebenen ist, desto mehr Hyperparameter (Gewichte) sind zu applizieren. Zum Beispiel hat ein KNN mit 8 Neuronen auf einer versteckten Ebene schon 33 Hyperparameter, die während des Trainierens ermittelt werden müssen.

4.4.3   Stabilität der Trainingsqualität

Das Kriging-Modell und das KNN unterscheiden sich auch in der Trainingsmethode. Das KNN wird meistens durch die Hold-Out-Methode trainiert. Beim Trainieren des Kriging-Modells kann die Leave-One-Out-Kreuzvalidierung eingesetzt werden. In diesem Abschnitt wird die Stabilität der Trainingsqualität untersucht.

Bei der Untersuchung werden die zwei Metamodelle durch mehrere unterschiedlich große Trainingsdatensätze trainiert. Die Datenmenge variiert von 10 bis 400. Für den jeweiligen Trainingsdatensatz wird das Trainieren 20-mal wiederholt. Bei jedem Training des KNN wird die Validierungsgruppe neu zufällig ausgewählt. Die Trainingsdaten sind störungsfrei.

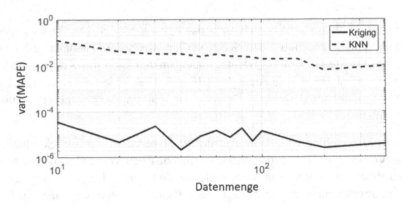

Abbildung 4.14: Vergleich der Stabilität der Trainingsqualität

Die Testergebnisse werden in Abbildung 4.14 gezeigt. Die Stabilität wird durch die Varianz der MAPE-Werte der 20-maligen Wiederholung ausgewertet. Die Varianzen des Kriging-Modells und des KNNs werden auf einer logarithmischen Skala dargestellt, weil sie unterschiedliche Größenordnungen aufweisen.

Aus der Abbildung geht hervor, dass das Kriging-Modell nach dem Training eine stabile Leistungsfähigkeit erreichen kann. Im Gegensatz dazu ist die Trainingsqualität des KNNs stark abhängig von der Auswahl der Validierungsgruppe. Deswegen ist die Varianz beim Trainieren mit kleinen Trainingsdatensätzen sehr hoch, wobei die Validierungsgruppe ebenfalls klein ist

und dementsprechend die Vorhersagegenauigkeit nicht zuverlässig abgeschätzt wird. Die Instabilität wird mit zunehmenden Trainingsdaten reduziert. Trotzdem bleibt die Varianz des KNN auf einem deutlich höheren
Niveau als die des Kriging-Modells.

4.4.4 Robustheit gegenüber Störung

Die zwei obigen Untersuchungen wurden in störungsfreien Computer-
Experimenten durchgeführt. Allerdings sind die Trainingsdaten in einer Rapid-Prototyping-Umgebung verrauscht. Deswegen ist es sinnvoll, die Robustheit der Metamodellierungsmethode gegenüber Störungen zu untersuchen.

Um zufällige Störungen zu emulieren, wird zu den realen Funktionswerten
Y_D eine zufällige Variable ϵ addiert. Die Variable ϵ ist im endlichen Intervall
$[-\delta \cdot Y_D, \delta \cdot Y_D]$ gleichverteilt. δ bezeichnet die maximale absolute prozentuale Abweichung des gemessenen Funktionswerts $\widetilde{Y}_D$. Durch diese Kennzahl δ lässt sich das Störungsniveau beschreiben.

$$\widetilde{Y}_D = Y_D + \epsilon \quad \epsilon \sim unif(-\delta \cdot Y_D, \delta \cdot Y_D) \qquad \text{Gl. 4.29}$$

In der Untersuchung wird die Vorhersagegenauigkeit der zwei Modelle bei
verschiedenen Störungsniveaus verglichen $(\delta = 5\%, 15\%, 25\%)$. Die
Datenmenge variiert von 10 Punkten bis 400 Punkte. Für jede Datenmenge
werden 10 Proben durchgeführt. Bei jeder Probe werden die Verteilung der
Versuchspunkte und die gemessenen Daten mit Störung neu erstellt.

In Abbildung 4.15: Vergleich der Robustheit gegenüber Störung werden die
R^2-Werte des Kriging-Modells und des KNNs bei verschiedenen Störungsniveaus aufgezeigt. Wenn nach dem Training keine sinnvollen Ergebnisse zu
erhalten sind ($R^2 < 0.4$), werden die Ergebnisse nicht gezeigt. Um einen
intuitiven Eindruck zu vermitteln, werden zwei Hilfslinien hinzugefügt (gelb:
$R^2 = 0.7$; violett: $R^2 = 0.85$).

Der Abbildung lässt sich entnehmen, dass das Kriging-Modell höhere Robustheit gegenüber Störungen aufweist. Das Kriging-Modell erfordert weniger Trainingsdaten, um die Störung zu bewältigen.

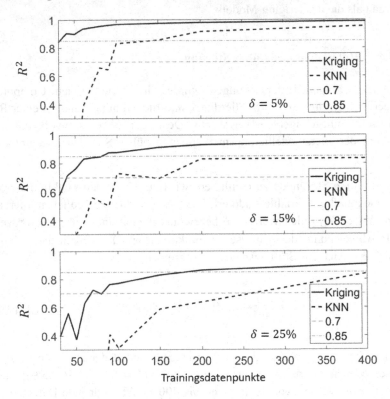

Abbildung 4.15: Vergleich der Robustheit gegenüber Störungen bei verschiedenen Störungsniveaus

5 Adaptive Versuchsplanung

5.1 Grundlegende Strategien

In der modellbasierten Applikationsmethode eGAA ist die Vorhersagegenauigkeit des Prozessmodells ein entscheidender Faktor. Allerdings ist es aufwändig und nicht notwendig, die globale Genauigkeit des Prozessmodells auf ein hohes Niveau zu bringen. Idealerweise soll die globale Genauigkeit nur so hoch sein, dass das Optimum grob lokalisiert werden kann. Danach kann das Prozessmodell im Bereich um das Optimum verfeinert werden, um dieses genau zu bestimmen. Dadurch wird die modellbasierte Applikation deutlich beschleunigt. Außerdem besteht bei Versuchen mit nicht final applizierten Funktionsparametern stets das Risiko des erhöhten Verschleißes oder der Schädigung der getesteten Hardware. Dieses Risiko lässt sich durch eine derartige Vorgehensweise deutlich reduzieren.

Diese ideale Vorgehensweise muss allerdings ein unumgängliches Problem lösen: wie kann die Applikationssoftware herausfinden, dass die globale Genauigkeit des Prozessmodells bereits hoch genug ist und dass das globale Optimum schon gefunden und nicht verpasst wurde?

Eine mögliche Lösung dafür ist die sogenannte adaptive Versuchsplanung. Bei der adaptiven Versuchsplanung wird der nächste Versuchspunkt nach jeder Versuchsprobe neu bestimmt. Die Auswahl des nächsten Versuchspunkts kann je nach Situation zwei grundlegenden Strategien folgen.

Wenn die globale Genauigkeit des Prozessmodells als ausreichend betrachtet wird, wird das strategische Ziel auf die Verfeinerung des Prozessmodells um das vorhersagte Optimum gesetzt. Diese Strategie wird als Vertiefung (Exploitation) bezeichnet. Die intuitive und einfachste Umsetzung ist, das vom Prozessmodell vorhersagte Optimum $\hat{x}_{opt}$ auszuwählen. Für viele glatte unimodale Zusammenhänge kann die reine Vertiefung eine gute Leistung erbringen, aber für multimodale Zusammenhänge kann sie nicht garantieren, dass das gefundene Optimum das globale ist. In Abbildung 5.1 wird der Suchverlauf mit reiner Vertiefung gezeigt.

© Der/die Autor(en), exklusiv lizenziert durch
Springer Fachmedien Wiesbaden GmbH, ein Teil von Springer Nature 2022
J. Liao, *Generische automatische Applikation für die Vorentwicklung von
Hybridgetrieben in Rapid–Prototyping–Umgebung*, Wissenschaftliche Reihe
Fahrzeugtechnik Universität Stuttgart, https://doi.org/10.1007/978-3-658-36814-2_5

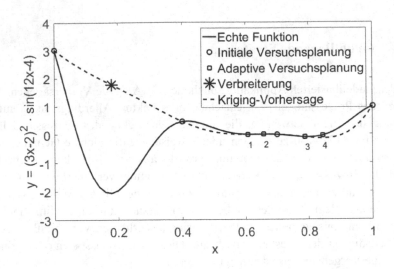

Abbildung 5.1: Suchverlauf der Strategie Vertiefung und Verbreiterung

Mit den vier Anfangspunkten wird ein Kriging-Modell aufgebaut. Innerhalb von fünf Proben wird ein Optimum bei $\hat{x}_{opt} = 0.812$ herausgefunden. Danach gerät die Suche in eine Sackgasse. Das vorhersagte Optimum befindet sich immer in der Nähe von $\hat{x}_{opt}$, wo keine weitere Information zur Verfügung steht. Das unbekannte Intervall $x \in (0, 0.4)$ wird von der Strategie als schlechter betrachtet und ignoriert. Falls sich das echte globale Optimum innerhalb dieses Intervalls befindet, kann es auf keinen Fall gefunden werden. Deswegen kann die Vertiefung keine Konvergenz hin zum globalen Optimum garantieren.

Im Gegensatz zur Vertiefung setzt die Strategie der Verbreiterung (Exploration) kein Vertrauen in das Prozessmodell. Sie nimmt die globale Genauigkeit als gering an und ist bestrebt, die vom Prozessmodell verpassten Informationen zu gewinnen. Eine typische Umsetzung besteht darin, die für das Prozessmodell unsicherste Stelle zu probieren. Die Unsicherheit lässt sich durch verschiedene Kriterien bewerten, z.B. den Abstand zu den anderen Versuchspunkten oder die abgeschätzte Unsicherheit des Kriging-Modells, die durch Gl. 4.22 berechnet wird. Die reine Verbreiterung konzentriert sich ausschließlich auf die Verbesserung der globalen Genauigkeit und ist mit einem Verlust an Effizienz verbunden. Allerdings kann sie den oben beschriebenen Nachteil der Vertiefung ausgleichen.

Im Beispiel in Abbildung 5.1 kann die adaptive Versuchsplanung die Sack-gasse verlassen, wenn sie nach der Probe 5 auf die Strategie der Verbreite-rung wechselt. Der Strategie der Verbreiterung folgend wird der mit Stern markierte Punkt in Abbildung 5.1 ausgewählt und das globale Optimum wird nicht mehr verpasst.

Aus obiger Analyse ergibt sich, dass die Kombination der zwei Strategien die erwünschte Effizienz der eGAA in der Rapid-Prototyping-Umgebung realisieren kann. Allerding muss die Voraussetzung erfüllt sein, dass die adaptive Versuchsplanung intelligent genug ist, um über die geeignete Stra-tegie für jede Versuchsprobe zu entscheiden. Das Kriging-Modell bietet dafür einen entscheiden Vorteil, denn es gibt nicht nur die Modellvorher-sage aus, sondern auch die Unsicherheit der Vorhersage. Unter gleichzeitiger Berücksichtigung der Vorhersage und der Unsicherheit können zahlreiche Kriterien für die Auswahl des nächsten Versuchspunkts berechnet werden. Mit diesen Kriterien kann das Gleichgewicht zwischen Vertiefung und Ver-breiterung gehalten werden. Die Kriterien werden als Infill-Kriterien be-zeichnet und in Abschnitt 5.2 vorgestellt.

Für die Anwendung in der Rapid-Prototyping-Umgebung sind Erweiterun-gen der Infill-Kriterien erforderlich, welche in Abschnitt 5.3 und 5.4 disku-tiert werden.

5.2 Infill-Kriterien

Wie in Kapitel 4.3 vorgestellt, betrachtet das Kriging-Modell den Wert an einem unbekannten Versuchspunkt als eine normalverteilte Zufallsvariable. Um den vorhergesagten Wert zu vergleichen müssen die statistischen Me-thoden zum Einsatz gebracht werden. Deswegen sind diverse statistische Kriterien geeignet, um bei der Auswahl des nächsten Versuchspunktes einge-setzt zu werden.

In den folgenden Abschnitten werden die statistische Untergrenze, die Ver-besserungswahrscheinlichkeit und die Verbesserungserwartung vorgestellt.

5.2.1   Statistische Untergrenze

Bei reiner Vertiefung werden nur die Modellvorhersagen, nämlich die Mittelwerte, verglichen, um das vorhersagte Minimum herauszufinden. In der Statistik wird der mögliche Wertebereich durch das α-Konfidenzintervall beschrieben. Für ein fest vorgegebenes $\alpha \in (0,1)$ befindet sich die Zufallsvariable in $\alpha \cdot 100 \%$ Fällen innerhalb dieses Intervalls.

Die Untergrenze des α-Konfidenzintervalls wird als ein Infill-Kriterium in der adaptiven Versuchsplanung verwendet. Sie wird als statische Untergrenze (*Abk. LB, Lower Bound*) bezeichnet.

$$LB(x) = \hat{y}(x) - \Phi^{-1}(\alpha) \cdot s(x)$$ Gl. 5.1

Darin ist Φ die Verteilungsfunktion der Normalverteilung. Während der adaptiven Versuchsplanung wird der Versuchspunkt mit der kleinsten statistischen Untergrenze für die nächste Versuchsprobe ausgewählt.

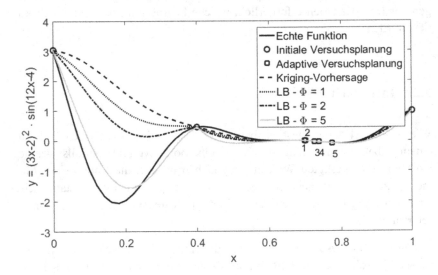

Abbildung 5.2: Die statistische Untergrenze mit variiertem Faktor α

Dieser Vorgehensweise folgend ist das Konfidenzniveau α ein Faktor zur Herstellung des Gleichgewichtes zwischen Vertiefung und Verbreiterung. Wenn $\alpha \to 0$ und $LB(x) \to \hat{y}(x)$, wendet die Versuchsplanung die Vertiefung an. Wenn $\alpha \to \infty$, wird $\hat{y}(x)$ vernachlässigt und die Strategie der Verbreiterung verfolgt.

In Abbildung 5.2 wird die Auswirkung des Konfidenzniveaus α gezeigt. Dieser Faktor ist bestimmend für die globale Konvergenz und die Effizienz. In Abbildung 5.3 werden zwei unterschiedliche α für denselben Zusammenhang eingesetzt. Mit $\Phi^{-1}(\alpha) = 1$ (links) läuft die Suche ähnlich wie bei der reinen Vertiefung und gerät in dieselbe Sackgasse. Wenn $\Phi^{-1}(\alpha)$ auf 2 angehoben wird, neigt die Suche mehr zu Verbreiterung und kann das globale Optimum finden.

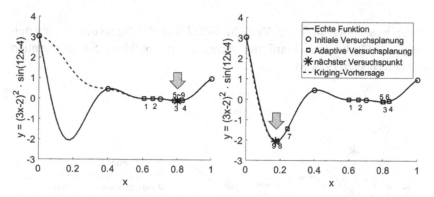

Abbildung 5.3: Suchverlauf mit dem Kriterium „statistische Untergrenze"

Das geeignete Konfidenzniveau α ist je nach Anpassungsaufgabe unterschiedlich. Trotz der Wichtigkeit dieses Faktors ist noch unklar, wie er bei der generischen Anwendung festgelegt werden soll. Dies ist ein unumgänglicher Nachteil für die Anwendung in der eGAA.

5.2.2 Verbesserungswahrscheinlichkeit

Das Ziel der adaptiven Versuchsplanung besteht darin, das globale Optimum zu finden. Deswegen ist es sinnvoll vorherzusagen, ob an einem unbekannten Versuchspunkt eine Verbesserung erzielt werden kann.

Die abgeschätzte Normalverteilung des Werts $y \sim \mathcal{N}\big(\hat{y}(x^*), s(x^*)\big)$ am Versuchspunkt x^* wird in Abbildung 5.4 in Rot dargestellt. Gemäß dieser Verteilung ist es noch möglich, dass y^* kleiner als die bisher beste Kennzahl $y_{min} = \min(Y^D)$ ist. Die Differenz $(y_{min} - y^*)$ wird als Verbesserung (*Improvement*) definiert. Aus der Normalverteilung wird die Wahrscheinlichkeit berechnet, dass eine Verbesserung am Versuchspunkt x^* erzielt werden kann. Diese Wahrscheinlichkeit wird als Verbesserungswahrscheinlichkeit (*Abk. PI, Probability of Improvement*) bezeichnet und lässt sich nach Gl. 5.2 berechnen:

$$PI(x) = \Phi\left(\frac{y_{min} - \hat{y}(x)}{s(x)}\right) \qquad\qquad \text{Gl. 5.2}$$

Darin bezeichnet $\Phi(\cdot)$ die Verteilungsfunktion der Standardnormalverteilung. Die Fläche des schraffierten Bereiches in Abbildung 5.4 repräsentiert den berechneten PI-Wert.

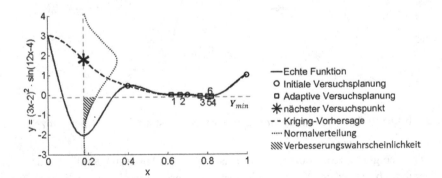

Abbildung 5.4: Grafische Darstellung der Verbesserungswahrscheinlichkeit PI

In Abbildung 5.5 wird der Verlauf der adaptiven Versuchsplanung gezeigt, die bei jeder Probe den Punkt mit dem höchsten PI-Wert auswählt. Auch hier wird zunächst das lokale Optimum ($x = 0.812$) gefunden, aber nach Probe 7 verlassen. Der PI-Wert führt die adaptive Versuchsplanung weiter in den unsicheren Bereich $[0, 0.4]$, wo sich das globale Optimum befindet.

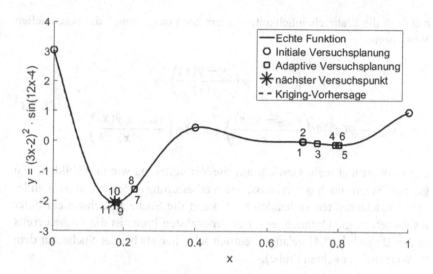

Abbildung 5.5: Suchverlauf mit dem Kriterium Verbesserungswahrscheinlichkeit (PI)

Der PI-Wert erfordert keinen zusätzlichen Parameter und kann einfach in der generischen Anwendung implementiert werden. Allerdings liegt ein Nachteil des PI-Werts in der Vernachlässigung des Grades der Verbesserung. Wenn ein Punkt mit sehr hoher Wahrscheinlichkeit eine sehr kleine Verbesserung ermöglicht, hat dieser Punkt sehr hohe Priorität in der adaptiven Versuchsplanung. Das resultiert darin, dass der Bereich in der Nähe des vorhergesagten Optimums zunächst sehr genau gesampelt wird, unabhängig davon, ob dieses Optimum global oder lokal ist. Das lässt sich gut in Abbildung 5.5 erkennen: innerhalb eines kleinen Intervalls werden mehrere Probepunkte gesetzt (Adaptive-Sampling-Punkte 1-4, 6-7, 8-9). Diese starke Neigung zur Vertiefung beschränkt die Effizienz des Adaptive-Samplings.

5.2.3 Verbesserungserwartung

Um den oben erwähnten Nachteil des PI-Werts zu vermeiden, wird das Infill-Kriterium Verbesserungserwartung (*Abk. EI, Expected Improvement*) zum Einsatz gebracht. Im Vergleich zum PI-Wert berücksichtigt der EI-Wert

nicht nur die Wahrscheinlichkeit, sondern auch das Ausmaß der potenziellen
Verbesserung:

$$EI(x) = \int_{-\infty}^{y_{min}} y \cdot \varphi\left(\frac{y - \hat{y}(x)}{s(x)}\right) dy$$

$$= \left(y_{min} - \hat{y}(x)\right) \Phi\left(\frac{y_{min} - \hat{y}(x)}{s(x)}\right) + s(x)\varphi\left(\frac{y_{min} - \hat{y}(x)}{s(x)}\right)$$

Gl. 5.3

Der EI-Wert legt mehr Gewicht auf die Verbreiterung wie in Abbildung 5.6
gezeigt. Sofern noch bemerkenswerte Verbesserungspotentiale an den anderen Versuchspunkten vorhanden sind, steigt die Suche zunächst nicht tiefer
ins vorhergesagte Optimum ein. Bei der sechsten Probe ist die Suche bereits
in den Bereich [0,0.4] gelangt, deutlich schneller als bei der Suche mit dem
PI-Wert (bei der achten Probe).

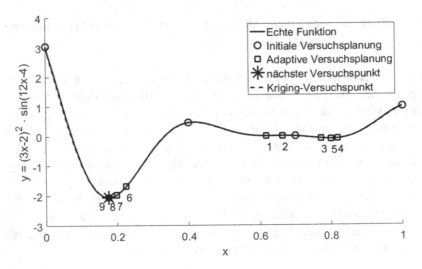

Abbildung 5.6: Suchverlauf mit dem Kriterium Verbesserungserwartung
(EI)

Diese Aussage kann durch den direkten Vergleich verdeutlicht werden: in
Abbildung 5.7 werden die Suchen mit dem PI-Wert und dem EI-Wert gezeigt. In derselben Situation werden unterschiedliche Versuchspunkte ausgewählt. Anhand des PI-Werts wird ein weiterer Punkt innerhalb des gut

gesampelten Bereiches (um $x = 0.8$) bei der nächsten Probe getestet, auch wenn die erwartete Verbesserung nur 3.53×10^{-4} beträgt. Im Gegensatz dazu führt der EI-Wert die Suche in den unsicheren Bereich. Der Erwartungswert der Verbesserung um $x = 0.24$ ist deutlich höher (8.5×10^{-3}).

Aus diesem Vergleich wird deutlich, dass die adaptive Versuchsplanung mit dem EI-Wert eine geringfügige Verbesserung vernachlässigen kann, um eine höhere Effizienz zu erreichen.

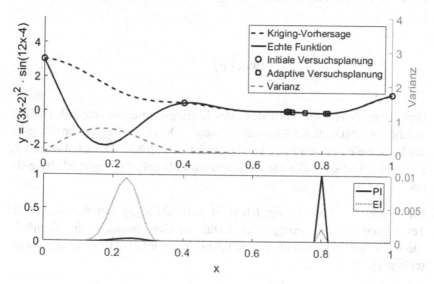

Abbildung 5.7: Vergleich von Verbesserungswahrscheinlichkeit (PI) und Verbesserungserwartung (EI)

5.3 Modifizierte EI-Werte

Die Diskussion in Abschnitt 5.2 ist von einer Voraussetzung ausgegangen: die Messdaten sind frei von Störungen. Unter realen Bedingungen ist diese Voraussetzung in der Regel nicht gegeben, d.h. das aktuelle Optimum $y_{min} = \min(\mathbf{Y}_D)$ ist wegen der Geräusche nicht genau bekannt. Die verrauschten Messdaten werden als $\tilde{y} = y + \epsilon$ bezeichnet.

Wenn das Minimum der gemessenen Daten als das aktuelle Optimum betrachtet wird, nämlich $y_{min} = \min(\tilde{Y}^D)$, wird das Optimum sehr wahrscheinlich zu niedrig geschätzt. Dadurch kann die Suche in die falsche Richtung geführt werden.

Die übliche Lösung für ein unbekanntes Optimum besteht darin, das Optimum durch ein abgeschätztes Optimum T zu ersetzen. Der einfachste Ersatz ist das Minimum der Modellvorhersage an den bekannten Versuchspunkten [23]:

$$T_r = \min(\hat{Y}_D) \qquad\qquad \text{Gl. 5.4}$$

Darin bezeichnet $\hat{Y}$ die Vorhersage des Kriging-Regressionsmodells (KRM), welches in Abschnitt 4.3.4 vorgestellt wurde. Durch die Regressionsfähigkeit des KRMs wird der Einfluss der Geräusche unterdrückt. Der EI-Wert mit T_r als Ersatz für das unbekannte Optimum wird als „pEI" (Plug-in EI) bezeichnet.

Die Regressionsfähigkeit des KRM ist stark abhängig von der Menge der Testdatenpunkte. Bei mangelnder Anzahl an Datenpunkten wird T_r möglicherweise unterschätzt. Um dies zu vermeiden, wird eine Erweiterung vorgeschlagen [24]:

$$T_\alpha = \min(\hat{Y}_D + \Phi^{-1}(\alpha) \cdot s) \qquad\qquad \text{Gl. 5.5}$$

Darin ist $\hat{Y}_D + \Phi^{-1}(\alpha) \cdot s$ die statistische Obergrenze. Analog zur statistischen Untergrenze (s. Abschnitt 5.2.1) wird der Faktor α als Konfidenzniveau interpretiert. Je größer der Faktor ist, desto kleiner ist die Wahrscheinlichkeit des Unterschätzens. $\alpha = 0.84, \Phi^{-1}(\alpha) = 1$ wird vom Autor empfohlen. D.h., gemäß der Abschätzung des KRM ist T_α in 84 % der Situationen größer als der unbekannte Wert y.

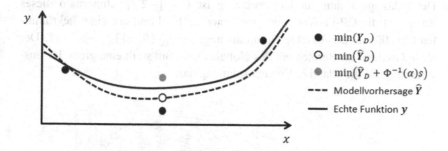

Abbildung 5.8: Verschiedene Ersatzwerte für y_{min}

Laut [24] hat T_α einen bemerkenswerten Nachteil: das absichtlich über-schätzte Optimum zwingt die Suche zu mehr Vertiefung. Um das Gleich-gewicht zwischen Vertiefung und Verbreiterung wiederherzustellen, wird ein Penalty-Faktor eingeführt:

$$AEI(x) = EI(x, T_\alpha) \cdot \left(1 - \frac{\sigma_\lambda}{\sqrt{s^2(x) + \sigma_\lambda^2}} \right) \qquad \text{Gl. 5.6}$$

Darin ist σ_λ die Regressionsvarianz des KRM. Der Penalty-Faktor strebt bei kleiner Unsicherheit ($s(x) \to 0$) gegen Null. Dadurch wird die Neigung zur Vertiefung bis zu einem gewissen Grad bestraft. Dieser modifizierte EI-Wert wird als Augmented-EI-Wert (AEI) bezeichnet.

5.4 Vergleich der modifizierten EI-Werte

In diesem Abschnitt werden die in 5.3 vorgestellten modifizierten EI-Werte, pEI und AEI, in einer konkreten Testaufgabe verglichen. Um die Notwen-digkeit der Modifikation zu zeigen, wird auch der originale EI-Wert in den Vergleich einbezogen. Alle drei Infill-Kriterien werden eingesetzt, um das Minimum einer Testfunktion zu bestimmen.

Als Testfunktion wird die bekannte, multimodale, 2-dimensionale Funktion „Goldstein-Price" (GP-Funktion) verwendet.

Der zulässige Raum zur Untersuchung ist $D = [-2,2]^2$. Innerhalb dieses Raums ist die GP-Funktion eine multimodale Funktion mit einer gekrümmten Oberfläche. Das globale Optimum liegt bei $f_{GP}^*(0,-1) = -3.1291$. Der steile Gradient im Bereich um das globale Optimum stellt eine große Herausforderung für die adaptive Versuchsplanung dar.

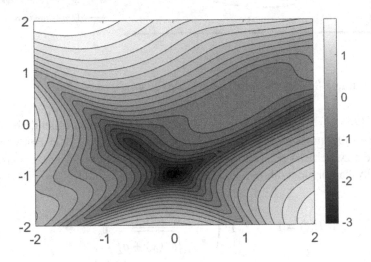

Abbildung 5.9: Die Oberfläche der GP-Funktion

Die GP-Funktion ist deterministisch. Um verrauschte Messsignale zu emulieren, wird eine gaußverteilte Zufallsvariable als Messgeräusch hinzugefügt. In diesem Vergleich werden zwei Geräuschpegel verwendet, die durch den Mittelwert der absoluten prozentualen Abweichung (MAPE) zwischen verrauschten und originalen Signalen charakterisiert werden: $MAPE = 20\,\%$ (mittlere Störung) und $MAPE = 50\,\%$ (extreme Störung).

Die Suche nach dem Minimum erfolgt mit der vorgestellten eGAA-Methode. Um den Einfluss der zufälligen Größen zu minimieren, wird die adaptive Versuchsplanung mit den jeweiligen Infill-Kriterien 20-mal wiederholt. Bei jeder Wiederholung werden die initialen Versuchspunkte durch die Latin-Hypercube-Methode neu erstellt. In dieser Arbeit ist die Leistungsfähigkeit mit wenigen initialen Testdatenpunkten von Bedeutung. Deshalb ist die Anzahl der initialen Testdatenpunkte auf 10 begrenzt.

Die initialen Versuchspunkte X_{IS} werden dann in der GP-Funktion mit addiertem Rauschen bewertet und die Funktionswerte Y_{IS} bestimmt. Ausgehend von den initialen Testdaten wird die adaptive Versuchsplanung mit dem jeweiligen Infill-Kriterium durchgeführt.

Wegen der Störung durch Geräusche ist das globale Optimum sehr schwer präzise zu lokalisieren. Wenn der Abstand vom gefundenen Optimum zum globalen Optimum und die Genauigkeit des vorhersagten Optimums die Bedingungen in Gl. 5.7 und Gl. 5.8 erfüllen, wird die Suche als erfolgreich betrachtet. Die Anzahl der erfolgreichen Ergebnisse $n_{0.04}$ aus den 20 Wiederholungen wird als die Kennzahl der Leistungsfähigkeit der Methode eingesetzt.

$$d = \left\| \hat{x}_{opt} - x_{opt} \right\| < 0.04 \qquad \text{Gl. 5.7}$$

$$|\hat{y}_{opt} - y_{opt}| < \varepsilon, \varepsilon = \begin{cases} 0.1 & MAPE = 20\,\% \\ 0.2 & MAPE = 50\,\% \end{cases} \qquad \text{Gl. 5.8}$$

Die Ergebnisse werden in den Abbildung 5.10 und Abbildung 5.11 gezeigt.

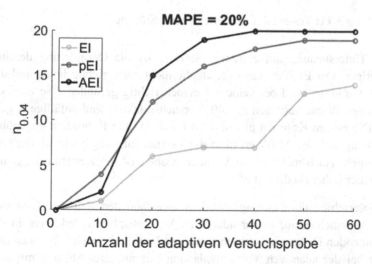

Abbildung 5.10: Testergebnisse bei mittlerer Störung

In der Untersuchung mit mittlerem Geräuschpegel können die meisten adaptiven Versuchsplanungen mit dem Infill-Kriterium pEI oder AEI das richtige Optimum finden. Mit Hilfe des AEI-Werts erreichen sogar alle 20 Versuche nach 40 Versuchspunkten das globale Optimum. Im Vergleich dazu kann der EI-Wert keine zuverlässige Konvergenz garantieren. Nach 40 Versuchspunkten wird das globale Optimum bei nur 7 adaptiven Versuchsplanungen gefunden.

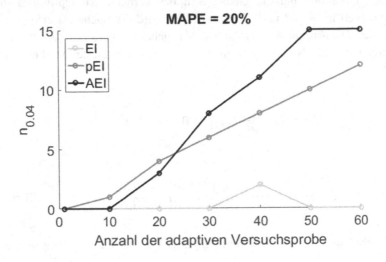

Abbildung 5.11: Testergebnisse bei extremer Störung

In der Untersuchung mit extremer Störung ist die Optimierung deutlich schwieriger. Der EI-Wert kann die Suche nicht mehr richtig leiten und das globale Optimum wird bei keinem Versuch richtig gefunden. Die zwei erfolgreichen Wiederholungen mit 40 Versuchspunkten sind zufällige Ergebnisse. Die beiden Kriterien pEI und AEI weisen gute Robustheit gegenüber der Störung auf. Der AEI-Wert führt die Versuchsplanung besser als der pEI-Wert durch. Nach mehr als 30 Versuchsproben ist die Kennzahl $n_{0.04}$ mit AEI immer höher als die mit pEI.

Der Unterschied der Leistungsfähigkeit zwischen den Kriterien lässt sich durch den Suchverlauf in der adaptiven Versuchsplanung erklären. In der nachfolgenden Diskussion werden die Verteilungen der ersten 20 Versuchspunkte bei der adaptiven Versuchsplanung mit mittlerer Störung mit dem jeweiligen EI-, pEI- und AEI-Wert gezeigt, um den Verlauf mit unterschiedlichen Kriterien zu vergleichen.

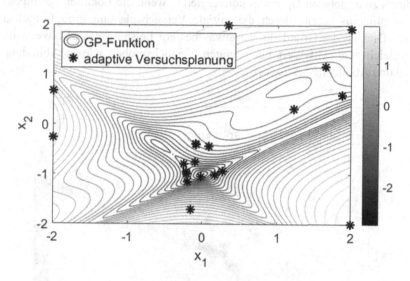

Abbildung 5.12: Verteilung der ersten 20 Versuchspunkte bei der adaptiven Versuchsplanung mit EI-Wert

In Abbildung 5.12 wird der Suchverlauf mit EI-Wert gezeigt. Bemerkenswert ist, dass sich mehrere Versuchspunkte an der Grenze des zulässigen Raums befinden. Der EI-Wert nimmt das aktuell gemessene Optimum als das aktuelle Optimum y_{min} an. Wegen der Störung kann das aktuelle Optimum weit unterschätzt werden. In dieser Situation ist ein hoher EI-Wert nur durch große Varianz zu erreichen wie beispielsweise an der schlecht gesampelten Grenze. Aus diesem Grund neigt die adaptive Versuchsplanung zur Verbreiterung, auch wenn der Bereich um das Optimum noch nicht gut gesampelt ist.

Anders als der EI-Wert berücksichtigt der pEI-Wert bereits die Störung in den Messdaten. Durch die Filterung des Kriging-Regressionsmodells wird die Unterschätzung des aktuellen Optimums deutlich reduziert. In Abbildung 5.13 wird gezeigt, dass sich die Versuchsplanung sehr gut auf den Bereich um das Optimum konzentriert.

Der pEI-Wert weist eine relativ starke Neigung zur Vertiefung auf. Deswegen kann bei der Versuchsplanung mit pEI-Wert das aktuelle Optimum sehr schnell zum globalen Optimum konvergieren, wenn die Lokation des globalen Optimums bereits durch die initiale Versuchsplanung grob festgelegt wird. Dies ist der Grund für die etwas bessere Leistung des pEI-Werts im Vergleich zum AEI-Wert bei wenigen Versuchsproben wie in Abbildung 5.10 und Abbildung 5.11 gezeigt.

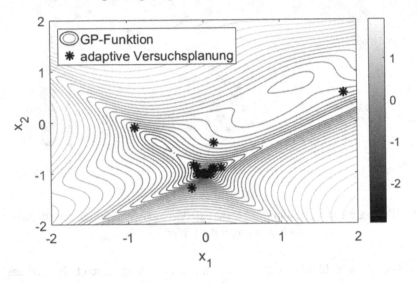

Abbildung 5.13: Verteilung der ersten 20 Versuchspunkte bei der adaptiven Versuchsplanung mit pEI-Wert

Allerdings ist die Neigung zur Vertiefung kein Vorteil, wenn wichtige Informationen bei der initialen Versuchsplanung verpasst werden. Der AEI-Wert ermöglicht ein besseres Gleichgewicht zwischen Vertiefung und Verbreitung wie in Abbildung 5.14 gezeigt.

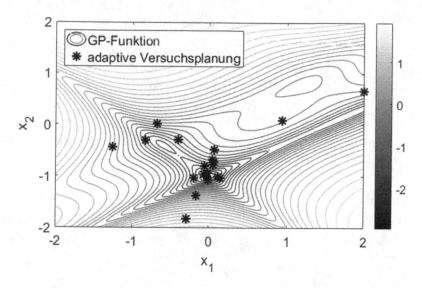

Abbildung 5.14: Verteilung der ersten 20 Versuchspunkte bei der adaptiven Versuchsplanung mit AEI-Wert

Neben der Vertiefung im Bereich um das Optimum $(0, -1)$ wird auch die Verbreitung um das lokale Optimum durchgeführt.

Dieser Untersuchung lässt sich entnehmen, dass der AEI-Wert in der Praxis eine hervorragende Leistung zeigen kann.

6 Applikation der Abhängigkeitsfunktion

Mit Hilfe des Prozessmodells und der adaptiven Versuchsplanung, die in Kapitel 4 und 5 vorgestellt wurden, ist die eGAA-Methode in der Lage, die Getriebesoftware in einer Rapid-Prototyping-Umgebung effizient zu applizieren. Ausgehend von der Funktionsweise der adaptiven Versuchsplanung ist abzuleiten, dass diese Methode die Parameter nur als Konstanten applizieren kann, die in unterschiedlichen Anwendungssituationen unverändert bleiben.

Allerdings muss eine moderne Getriebesoftware immer höhere Ansprüche erfüllen. Die konstanten Parameter können die erwünschte Steuerungsqualität nicht in allen Anwendungssituationen gewährleisten. Die Parameter x müssen in Abhängigkeit von den Zustandsvariablen v angepasst werden, beispielsweise Fahrpedalwert, Fahrzeuggeschwindigkeit und Temperatur. Dies wird in der Getriebesoftware meistens durch applizierbare Abhängigkeitsfunktionen $x = A(v)$ realisiert. Darin steht $v = \{v_1, ..., v_n\}$ für die Zustandsvariablen.

In der Seriensoftware werden üblicherweise lineare Interpolationsmodelle (z.B. Lookup-Tabellen) als Abhängigkeitsfunktion eingesetzt. Wie in Abschnitt 4.1 vorgestellt, wird ein lineares Interpolationsmodell durch Gl. 6.1 mathematisch dargestellt:

$$x = A(v, (V_D, X_D))$$
Gl. 6.1

Darin sind X_D die Parameter, die bei den Zustandsvariablen V_D eingesetzt werden sollen. Die Daten (V_D, X_D) werden als die Stützstellen des Interpolationsmodells betrachtet und bei der Applikation optimiert.

Lineare Interpolationsmodelle erfordern wenig Rechenaufwand und ermöglichen hohe Flexibilität bei der Applikation. Deshalb sind sie für eingebettete Anwendungen gut geeignet. Die Zusammenhänge zwischen V_D und X_D lassen sich häufig physikalisch interpretieren und können deshalb von Applikationsingenieuren gut manuell appliziert werden.

© Der/die Autor(en), exklusiv lizenziert durch
Springer Fachmedien Wiesbaden GmbH, ein Teil von Springer Nature 2022
J. Liao, *Generische automatische Applikation für die Vorentwicklung von Hybridgetrieben in Rapid–Prototyping–Umgebung*, Wissenschaftliche Reihe Fahrzeugtechnik Universität Stuttgart, https://doi.org/10.1007/978-3-658-36814-2_6

Allerdings kann die Applikation hohe Ansprüche an das Expertenwissen stellen und ist häufig mit großem Zeitaufwand verbunden, speziell wenn mehrere Abhängigkeitsfunktionen vergleichbare Auswirkungen auf die Steuerungsqualität zeigen. Außerdem steigt der Applikationsaufwand dramatisch mit der Zunahme der Dimension von v. In der Praxis werden komplexe Abhängigkeitsfunktionen meistens in mehrere einfache 1-dimensionale Funktionen zerlegt, oder durch Vernachlässigung der weniger relevanten Zustandsvariablen vereinfacht.

In der Rapid-Prototyping-Vorentwicklung ist die Situation deutlich anders. Für das Prototyping-Steuergerät ist der Rechenaufwand nicht so kritisch wie im Seriensteuergerät. Außerdem stehen in dieser Phase weniger Kenntnisse über das zu steuernde System zur Verfügung. Das macht die manuelle Applikation aufwändiger und es führt zum Bedarf, die Abhängigkeit durch die Applikation kennenzulernen. Aus diesen Gründen kann ist die manuelle Applikation mit linearen Interpolationsmodellen weniger für die Anwendung in der Vorentwicklung geeignet.

Ausgehend von den Anforderungen an die Rapid-Prototyping-Vorentwicklung wird die eGAA-Methode erweitert, um eine automatische Applikation der Abhängigkeitsfunktion zu ermöglichen. Die grundlegende Funktionsweise der erweiterten eGAA-Methode wird in Abschnitt 6.1 vorgestellt. Die Erweiterung erfordert eine Modifikation der Infill-Kriterien in der adaptiven Versuchsplanung, welche in Abschnitt 6.2 diskutiert wird.

6.1 Erweiterte eGAA-Methode

6.1.1 Funktionsweise der erweiterten eGAA-Methode

Die Basisidee der erweiterten eGAA-Methode ist, die Abhängigkeitsfunktion anhand des Prozessmodells in der Simulationsumgebung automatisch zu optimieren. Die grundlegende Funktionsweise wird schematisch in Abbildung 6.1 gezeigt.

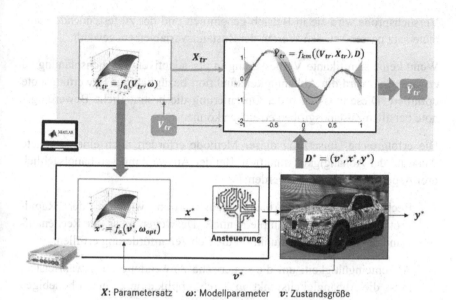

X: Parametersatz ω: Modellparameter v: Zustandsgröße

Abbildung 6.1: Struktur der Hybrid-Metamodelle

In der erweiterten eGAA-Methode werden nicht nur der getestete Parametersatz x^* und die entsprechenden Bewertungsnoten y^* bei einer Versuchsprobe aufgenommen, sondern auch die derzeitigen Zustandsvariablen v^*. Die Testdaten $D^* = (v^*, x^*, y^*)$ werden bei der Modellierung des Prozessmodells f_{KM} verwendet. Dadurch ist das Prozessmodell f_{KM} in der Lage, einen Parametersatz unter Berücksichtigung der Zustandsvariablen zu bewerten.

Für die vorgegebenen Trainingspunkte V_{tr} kann die Abhängigkeitsfunktion die entsprechenden Parametersätze X_{tr} bestimmen. Dann werden die Bewertungsnoten $\widehat{Y}_{tr}$ und die Verbesserungserwartung EI_{tr} dieser Parametersätze durch das Prozessmodell abgeschätzt. Die Trainingspunkte V_{tr} müssen so ausgewählt werden, dass alle denkbaren Anwendungsszenarien erfasst werden.

Dadurch ist die adaptive Versuchsplanung für die Abhängigkeitsfunktion möglich. Während der adaptiven Versuchsplanung wird die Abhängigkeitsfunktion so trainiert, dass sie bei beliebigen Zustandsvariablen den EI-Wert im Prozessmodell maximiert. Danach muss diese Abhängigkeitsfunktion in die Rapid-Prototyping-Umgebung übertragen werden. Bei der nachfolgenden

Versuchsprobe wird sie in Betrieb genommen und der zu testende Parametersatz passend zu den Werten der Zustandsvariablen ausgewählt.

Wenn keine signifikante Verbesserung in der adaptiven Versuchsplanung zu erwarten ist, wird die Abhängigkeitsfunktion bezüglich der Bewertungsnote optimiert. Diese muss nach der Optimierung die bestmögliche Bewertungsnote bei allen Zustandsgrößen erreichen können.

Die erfolgreiche Umsetzung dieser Methode erfordert noch eine geeignete Auswahl der Abhängigkeitsfunktion. Bei der Auswahl müssen hauptsächlich drei Aspekte berücksichtigt werden:

■ Rechenaufwand: die Abhängigkeitsfunktion wird in der Rapid-Prototyping-Umgebung implementiert. Deswegen muss der Rechenaufwand der Abhängigkeitsfunktion die Echtzeitanforderung erfüllen.

■ Allgemeingültigkeit: um die generische Anwendung zu gewährleisten, muss die Abhängigkeitsfunktion durch Applikation an einen beliebigen Zusammenhang angepasst werden können.

■ Trainingsaufwand: das Trainieren findet in der Simulationsumgebung statt und ist damit von der Echtzeitanforderung befreit. Allerdings muss der Trainingsaufwand akzeptabel sein, um einen Versuchsvorgang in der realen Umgebung einwandfrei durchzuführen.

6.1.2 Erweiterung mit Künstlichem Neuronalem Netzwerk

In der eGAA-Methode kommt ein künstliches neuronales Netzwerk f_{NN} als Abhängigkeitsfunktion zum Einsatz. Wegen der Anforderungen an den Rechen- und Trainingsaufwand und die Anwendungssituation wird das im Abschnitt 4.2 vorgestellte Feedforward-KNN (Ff-KNN) eingesetzt. In jedem Applikationszyklus muss das trainierte Ff-KNN ins Prototyping-Steuergerät übertragen werden wie in Abbildung 6.1 gezeigt. Um das Kopieren und die online-Implementierung zu erleichtern, lernt das Ff-KNN ausschließlich durch die Anpassung der Gewichte der Neuronen. Dadurch erfolgt das Kopieren des Ff-KNN nur über die Parametrisierung und erfordert keine Änderung der Netzwerkstruktur.

In der Simulationsumgebung wird das Ff-KNN mit dem Prozessmodell verbunden. Dadurch wird ein Hybrid-Metamodell erstellt wie in Abbildung 6.2 gezeigt.

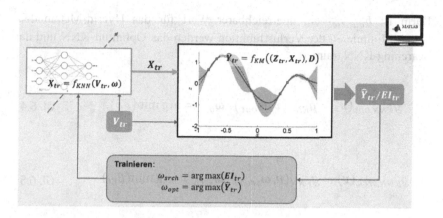

Abbildung 6.2: Hybrid-Metamodell

Das Hybrid-Metamodell wird als $h(v)$ bezeichnet. Vom tiefgestellten Buchstaben unterscheidet sich das Hybrid-Metamodell für die Bewertungsnote $h_y(v)$ und das Hybrid-Metamodell für die EI-Werte $h_{EI}(v)$.

$$h(v) = g_{KM}(v, g_{KNN}(v, \omega), D)$$
$\qquad$ Gl. 6.2

Das Trainieren des Ff-KNN im Hybrid-Metamodell funktioniert anders als das Trainieren eines separaten Ff-KNN. Das Ziel des Trainierens ist nicht mehr, die Ausgangswerte des Ff-KNN den erwünschten Werten X_{Ziel} näherzubringen, sondern die Ausgangswerte $h(v)$ des gesamten Hybrid-Metamodells zu maximieren. D.h. die erwünschten Ausgänge $X_{tr,Ziel}$ für die Trainingspunkte V_{tr} sind nicht explizit verfügbar. Um das Ff-KNN im Hybrid-Metamodell zu trainieren, muss die Verlustfunktion in Gl. 6.3 umgewandelt werden:

$$E_{out} = \frac{1}{2} \sum_{i=1}^{n_{tr}} \left(h_{out,Ziel} - h_{out}(v_i) \right)^2 ; \; out = y, EI$$
$\qquad$ Gl. 6.3

Darin ist $h_{out,Ziel}$ ein unerreichbarer Wert für das Hybrid-Metamodell. Durch Minimieren der Verlustfunktion werden das Optimum-KNN und das Searching-KNN trainiert.

$$g_{KNN,opt}(v) = g_{KNN}(v, \omega_{opt}) \quad \omega_{opt} = \arg\min(E_y) \qquad \text{Gl. 6.4}$$

$$g_{KNN,srch}(v) = g_{KNN}(v, \omega_{srch}) \quad \omega_{srch} = \arg\min(E_{EI}) \qquad \text{Gl. 6.5}$$

Mit dem Optimum-KNN $g_{KNN,opt}(v)$ kann das aktuell vorhergesagte Optimum $h_{opt}(v)$ bei den jeweiligen Zustandsvariablen berechnet werden. Das Searching-KNN $g_{KNN,srch}(v)$ wird ins Prototyping-Steuergerät übertragen.

Beim Trainieren eines Ff-KNN werden meistens gradientenbasierte Optimierungsmethoden verwendet. Die partielle Ableitung der Verlustfunktion ergibt sich durch Anwendung der Kettenregel:

$$\frac{\partial E}{\partial \omega_j} = \sum_{i=1}^{n_x} \left(\frac{\partial E}{\partial h} \cdot \frac{\partial h}{\partial x_i} \cdot \frac{\partial x_i}{\partial \omega_j} \right) \qquad \text{Gl. 6.6}$$

Darin ist $\frac{\partial x_i}{\partial \omega_j}$ die partielle Ableitung des Ff-KNN, die sich analytisch berechnen lässt. Die mathematischen Formeln für die partielle Ableitung $\frac{\partial h}{\partial x_i}$ werden in [19] ausführlich vorgestellt.

Mit den berechneten Gradienten lässt sich das Ff-KNN mit gradientenbasierten Trainingsmethoden trainieren wie beispielsweise dem Levenberg-Marquardt-Verfahren.

Allerdings haben rein gradientenbasierte Trainingsmethoden einen Nachteil: die Ergebnisse und die Konvergenz des Trainierens sind stark vom Ausgangspunkt abhängig. Deswegen können rein gradientenbasierte Methoden das Trainieren des Ff-KNN im Hybrid-Metamodell nicht leisten, speziell beim Maximieren der EI-Werte in der adaptiven Versuchsplanung.

Ein Merkmal des EI-Werts eines Kriging-Modells besteht darin, dass die EI-Werte an den meisten Versuchspunkten extrem niedrig bleiben, aber in mehreren kleinen Bereichen lokale Optima mit steilen Gradienten bilden. In Abbildung 6.3 wird ein Beispiel eines Kriging-Modells mit zwei Eingängen gezeigt.

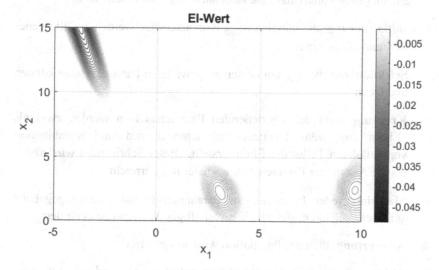

Abbildung 6.3: EI-Werte eines Kriging-Modells

Im weißen Bereich in Abbildung 6.3 sind die Gradienten nahezu null. Dies verursacht große Schwierigkeiten für Methoden, die nur mit Gradienten arbeiten.

Eine mögliche Lösung besteht darin, stochastische Algorithmen einzusetzen wie beispielsweise evolutionäre Algorithmen. Solche Algorithmen verzichten auf die Gradienten-Informationen und suchen in stochastischen Richtungen. Dadurch wird gute Robustheit und Konvergenz zum globalen Optimum ermöglicht.

Einer der am meisten verbreiteten stochastischen Algorithmen ist der sogenannte genetische Algorithmus. Dieser Algorithmus ist von der Evolution der Lebewesen gemäß der Darwin'schen Evolutionstheorie inspiriert. Eine bestimmte Menge an Parametersätzen (Population) „evolviert" während der Optimierung. Analog zum bekannten „Survival of the Fittest" haben die besser ausgewerteten Parametersätze größere Überlebenschancen, d.h. sie bleiben unverändert. Diejenigen Parametersätze, die nicht überleben können, werden durch die neuen Parametersätze ersetzt, welche durch Kreuzung und Mutation entstehen.

Die grundlegende Funktionsweise läuft nach folgendem Schema ab:

- **Initialisierung**: die initialen n_{pop} Parametersätze werden zufällig generiert und ausgewertet.

- **Selektion**: nur die n_{slk} am besten ausgewerteten Parametersätze können überleben.

- **Kreuzung**: von den überlebenden Parametersätzen werden zwei als „Eltern" ausgewählt. Ein neuer Parametersatz wird durch Kombination von zufälligen Teilen der Eltern erstellt. Dieser Schritt wird wiederholt, bis die Anzahl der Parametersätze wieder n_{pop} erreicht hat.

- **Mutation**: jeder Parameter im Parametersatz hat eine vorgegebene Wahrscheinlichkeit, sich zu einem zufälligen Wert hin zu verändern.

- **Auswertung**: die neue Population wird ausgewertet.

- **Abbruch**: wenn die Abbruchkriterien erfüllt werden, endet die Optimierung. Wenn nicht, startet die nächste Iteration mit dem Schritt „Selektion".

Beim Trainieren des Ff-KNN kann die Anzahl der zu optimierenden Parameter einige Hundert erreichen. In diesen Fällen ist es für die stochastischen Algorithmen sehr schwierig und zeitaufwändig, das globale Optimum mit hoher Genauigkeit zu lokalisieren.

Um die Genauigkeit und Effizienz des Trainierens gleichzeitig zu verbessern, ist es eine gute Idee, die stochastischen Algorithmen und die gradientenbasierten Algorithmen zu kombinieren. Die stochastischen Algorithmen werden eingesetzt, um das globale Optimum grob festzulegen. Dann wird das weitere, genauere Lokalisieren von den gradientenbasierten Algorithmen übernommen wie in Abbildung 6.4 gezeigt.

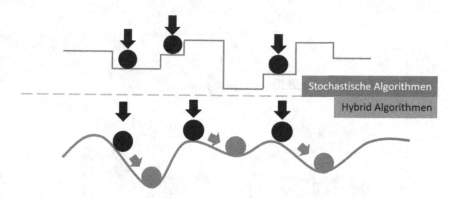

Abbildung 6.4: Vergleich der Funktionsweise der stochastischen Algorithmen und der Hybrid-Algorithmen

Es gibt mehrere Möglichkeiten, einen stochastischen und einen gradientenbasierten Algorithmus zu kombinieren, wie beispielsweise der hybridgenetische Algorithmus (HGA) [25]. Beim HGA arbeitet der genetische Algorithmus mit einer effizienten gradientenbasierten Methode zusammen, dem Broyden-Fletcher–Goldfarb-Shanno-(BFGS-)Verfahren.

Die Funktionsweise des HGA wird in Abbildung 6.5 gezeigt. Am Anfang jeder Iteration wird eine Zufallszahl erstellt. Wenn die Zufallszahl nicht kleiner als der vordefinierte Schwellenwert σ ist, wird der genetische Algorithmus aufgerufen. Außerdem startet das BFGS-Verfahren. Die besten Parametersätze in der aktuellen Population werden als Ausgangspunkte für das BFGS-Verfahren eingesetzt. Die optimierten Parametersätze ersetzen die Originalen, wodurch die neue Population generiert wird.

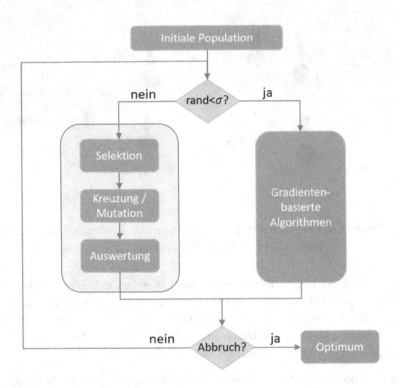

Abbildung 6.5: Grundlegende Funktionsweise eines hybrid-genetischen Algorithmus

Im folgenden Beispiel wird die Rechenzeit beim Trainieren eines Hybrid-Metamodells mit GA und HGA verglichen. Das Hybrid-Metamodell besteht aus einem KNN mit 118 Parametern und einem Kriging-Modell mit 84 Stützpunkten. Beim Trainieren werden sowohl der genetische Algorithmus GA als auch der hybrid-genetische Algorithmus HGA eingesetzt. Die Konfiguration der Algorithmen (bspw. maximale Iteration) wird so verstellt, dass beide Algorithmen vergleichbare Ergebnisse erzielen.

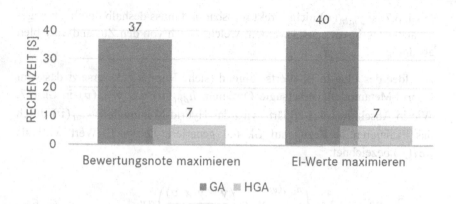

Abbildung 6.6: Vergleich der Rechenzeit des genetischen Algorithmus (GA)
und des hybrid-genetischem Algorithmus (HGA)

In Abbildung 6.6 werden die Ergebnisse des Vergleiches dargestellt. Daraus
ergibt sich, dass der HGA deutlich effizienter ist. Darüber hinaus sind die
Optimierungsergebnisse des HGA auch stabiler bei wiederholten Proben.

6.2 Modifizierte EI-Werte für die Abhängigkeitsfunktion

Um die adaptive Versuchsplanung in der automatischen Applikation der
Abhängigkeitsfunktion einzusetzen, müssen auch die berechneten EI-Werte
daran angepasst werden.

Wie in Kapitel 5.2 vorgestellt repräsentieren die EI-Werte die Erwartung der
Verbesserung im Vergleich zum aktuellen Optimum. Bei der Applikation der
Abhängigkeitsfunktion ist das Optimum abhängig von den Zustandsvariab-
len. Dementsprechend müssen die EI-Werte auch von den Zustandsvariablen
abhängen. Daraus ergibt sich die allgemeine Form der modifizierten EI-
Werte:

$$EI(x, v) = \int_{-\infty}^{y_{min}(v)} y \cdot \varphi\left(\frac{y - \hat{y}(x, v)}{s(x, v)}\right) dy \qquad \text{Gl. 6.7}$$

In Gl. 6.7 ist $y_{min}(v)$ nicht direkt messbar und muss deshalb durch ein abge-schätztes Optimum ersetzt werden, welches auch von den Zustandsvariablen abhängig ist.

Der Idee des Plug-in EI-Werts folgend (siehe Kapitel 5.3), ersetzt das vom Hybrid-Metamodell vorhersagte Optimum $h_{opt}(v)$ das $y_{min}(v)$ in Gl. 6.7. Wie in Abschnitt 6.1.2 erklärt, wird das Hybrid-Metamodell $h_{opt}(v)$ durch das Trainieren in Bezug auf Gl. 6.4 generiert. Dieser EI-Wert wird als $pEI(v)$ bezeichnet:

$$pEI(x, v) = \int_{-\infty}^{h_{opt}(v)} y \cdot \varphi\left(\frac{y - \hat{y}(x, v)}{s(x, v)}\right) dy \qquad \text{Gl. 6.8}$$

D.h. während der adaptiven Versuchsplanung müssen zwei Hybrid-Metamodelle trainiert werden. Das eine schätzt die aktuellen Optima ab, $h_{opt}(v)$, und das andere maximiert die EI-Werte, $h_{EI}(v)$.

Um die Unterschätzung des aktuellen Optimums zu vermeiden, wird ein erweiterter EI-Wert, der Augmented-EI-Wert (AEI), in Kapitel 5.3 vorge-stellt. Beim AEI wird die minimale statistische Obergrenze $T_\alpha = \min(\hat{Y}^D + \Phi^{-1}(\alpha) \cdot s)$ an den getesteten Versuchspunkten als das abge-schätzte aktuelle Optimum verwendet.

Die intuitive Umsetzung des AEI-Werts für die Abhängigkeitsfunktion be-steht darin, ein Hybrid-Metamodell $h_{og}(v)$ zu trainieren, welches die statis-tische Obergrenze bei den jeweiligen Zustandsvariablen minimieren kann. Allerding sind die abgeschätzten Varianzen an den unbekannten Versuchs-punkten deutlich höher und deshalb wird das aktuelle Optimum zu stark überschätzt. Das resultiert in starker Neigung zu Verbreiterung während der adaptiven Versuchsplanung.

Um die Überschätzung des aktuellen Optimums zu vermeiden, wird die Reinterpolation-Methode (RI-Methode) eingesetzt. Die RI-Methode wurde von A. J. Forrester et al. im Jahr 2006 in die adaptive Versuchsplanung ein-geführt, um die deterministische Abweichung im Computer-Experiment abzubauen. Inspiriert davon wird die RI-Methode in die eGAA eingeführt.

Zuerst wird die statistische Obergrenze an jedem getesteten Versuchspunkt berechnet. Dadurch wird der Datensatz zur Reinterpolation gewonnen, welcher als RI-Datensatz Y_{RI} bezeichnet wird.

$$Y_{RI} = \hat{Y}_D + \Phi^{-1}(\alpha) \cdot s_D \qquad \text{Gl. 6.9}$$

Mit dem RI-Datensatz wird ein neues Kriging-Modell f_{riKM} generiert. Das g_{riKM} hat dieselben Hyperparameter wie das Kriging-Modell g_{KM} ($\omega_{riKM} = \omega_{KM} = \{\theta_{KM}, p_{KM}, \sigma_{KM}\}$), verzichtet aber auf die Regressionsfähigkeit, d.h. der Regressionsfaktor λ_{riKM} wird zu null. Die Modellvorhersage $\hat{y}_{RI}$ von g_{riKM} wird als abgeschätzte Obergrenze verwendet, die als RI-Obergrenze bezeichnet wird. In Abbildung 6.7 wird der Unterschied zwischen der statistischen Obergrenze und der RI-Obergrenze eines 1-dimensionalen Kriging-Modells schematisch dargestellt. Die RI-Obergrenze lässt sich als eine Verschiebung von $\hat{y}_{KM}$ betrachten. Dadurch wird eine angemessene Toleranz für Störungen ermöglicht und die Überschätzung bei unbekannten Versuchspunkten vermieden.

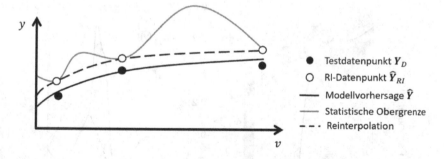

Abbildung 6.7: Vergleich zwischen der statistischen Obergrenze und Reinterpolation

Mit f_{riKM} lässt sich ein Hybrid-Metamodell $h_{RI}(v)$ erstellen, das die RI-Obergrenze bei den jeweiligen Zustandsvariablen minimiert. Wird $y_{min}(v)$ in Gl. 6.7 durch $h_{RI}(v)$ ersetzt, ergibt sich der AEI-Wert für die Abhängigkeitsfunktion:

$$AEI(\boldsymbol{x}, \boldsymbol{v}) = \beta_p \cdot \int_{-\infty}^{h_{RI}(\boldsymbol{v})} y \cdot \varphi\left(\frac{y - \hat{Y}(\boldsymbol{x}, \boldsymbol{v})}{s(\boldsymbol{x}, \boldsymbol{v})}\right) dy \qquad \text{Gl. 6.10}$$

Darin ist $\beta_p = \left(1 - \dfrac{\sigma_\lambda}{\sqrt{s^2(x) + \sigma_\lambda^2}}\right)$ der Penalty-Faktor des AEI-Wertes.

6.3   Penalty-Funktion

Beim Trainieren des Hybrid-Metamodells $h_{opt}(\boldsymbol{v})$ wird die Summe der quadratischen Abweichung (SSQ) des Ausgangswertes an den Trainingspunkten minimiert wie in Gl. 6.4 beschrieben. Diese Methode betrachtet die Ausgangswerte $h_y(\boldsymbol{v})$ rein als mathematische Werte, ohne Berücksichtigung der zugrundeliegenden physikalischen Bedeutung. Dies kann zu einem unerwünschten Effekt, dem sogenannten Trade-off führen.

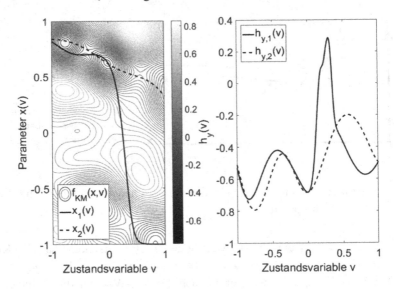

Abbildung 6.8: Ein Beispiel von Trade-off während des Trainierens des Hybrid-Metamodells

In Abbildung 6.8 wird ein Beispiel von unerwünschtem Trade-off gezeigt. Das System besitzt einen Parameter x, der von einer Zustandsvariable v abhängt. Auf der linken Seite wird die Modellvorhersage des Prozessmodells $g_{KM}(x, v)$ im Konturdiagramm dargestellt. Zwei Abhängigkeitsfunktionen $x_1(v)$ (blau) und $x_2(v)$ (rot) sind vorhanden. Im Vergleich zu $x_2(v)$ kann $x_1(v)$ einen geringfügig kleineren SSQ-Wert erreichen, allerdings auf Kosten von deutlich schlechteren Ergebnissen bei $v \in [0.2, 0.5]$ wie Abbildung 6.8 zeigt.

In der Praxis wird meistens die Abhängigkeitsfunktion $x_2(v)$ trotz des größeren SSQ-Werts vom Benutzer bevorzugt. Die schlechte Steuerungsqualität bei bestimmten Zustandsvariablen ist in jedem Fall zu vermeiden. Um diese subjektive Trade-off-Bevorzugung in die eGAA-Methode zu implementieren, werden Penalty-Funktionen eingesetzt.

Die Penalty-Funktion ist eine übliche Methode in der beschränkten Optimierung. Die Beschränkungen der Optimierungsaufgabe werden in ableitbare Penalty-Funktionen umgewandelt und in die Verlustfunktion der Optimierungsaufgabe integriert. Wenn das Optimum im Bereich außerhalb der Beschränkungen gesucht wird, wird der Verlust durch die Penalty-Funktionen deutlich erhöht. Dadurch konvergieren die Optimierungsergebnisse innerhalb des beschränkten Bereiches.

In der eGAA-Methode wird eine Verteilungsfunktion der Normalverteilung $F\left(\frac{x-\mu}{\sigma}\right)$ als Penalty-Funktion während des Trainieren von $h_{opt}(v)$ hinzugefügt. Die Ableitung von $F\left(\frac{x-\mu}{\sigma}\right)$ ist die Wahrscheinlichkeitsfunktion der Normalverteilung $\Phi\left(\frac{x-\mu}{\sigma}\right)$ und die Berechnung erfordert wenig Rechenleistung. Der modifizierte Ausgangswert des Hybrid-Metamodells lautet:

$$H_y(v) = h_y(v) + F\left(\frac{h_y(v) - \mu_p}{\sigma_p}\right) \qquad \text{Gl. 6.11}$$

Darin sind μ_p und σ_p die Hyperparameter der Penalty-Funktion, die vom Benutzer vorgegeben werden. Mit der Penalty-Funktion werden die Ausgangswerte in drei Intervalle aufgeteilt, nämlich das Ziel-, Übergangs- und Penalty-Intervall. Durch Variierung der zwei Hyperparameter wird die Auf-

teilung der Intervalle entsprechend der Benutzervorgabe angepasst wie in
Abbildung 6.9 dargestellt.

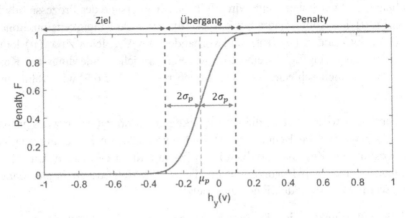

Abbildung 6.9: Penalty-Funktion für das Trainieren der Optimum-Funktion

Mit der Penalty-Funktion wird der SSQ-Wert von $x_1(v)$ im oberen Beispiel
wegen der schlechten Ergebnisse bei $v \in [0.2, 0.5]$ deutlich erhöht. Im Gegensatz dazu befinden sich die meisten Ergebnisse von $x_2(v)$ im gewünsch-
ten Bereich $h \in [-1, -0.4]$ Dadurch wird $x_2(v)$ von der eGAA-Methode als
bessere Lösung betrachtet.

Dem Beispiel in Abbildung 6.8 lässt sich auch entnehmen, dass die vom
Optimum-KNN ausgewählten Parameter wahrscheinlich nicht genau die
numerischen Optima sind. Die numerischen Optima des Prozessmodells
können häufig nicht zu einer kontinuierlichen Linie verbunden werden, wie
in Abbildung 6.10 links gezeigt. Um gute Steuerungsstabilität in der Praxis
zu erreichen, wird in der Regel eine kontinuierliche Abhängigkeitsfunktion
eingesetzt. Dies resultiert darin, dass manche numerischen Optima vernachlässigt werden müssen.

Wenn $x_2(v)$ als das Optimum-KNN in der Berechnung von pEI dient, ergeben sich die pEI-Werte im Konturdiagram in Abbildung 6.10 rechts. Bei den
nicht von $x_2(v)$ ausgewählten Optima ist gemäß der pEI-Werte sehr große
Verbesserung zu erwarten. In dieser Situation sucht das Searching-KNN stets
in diesen Bereichen wie die rote Linie in Abbildung 6.10 rechts zeigt. Dieser
Bereich wird allerdings während der Berechnung des Optimum-KNN wegen

der Penalty-Funktion (Abbildung 6.9) vernachlässigt. Die neu gewonnenen Daten in den vernachlässigten Bereichen bringen keine sinnvolle Information. Die Suche ist in eine Sackgasse geraten.

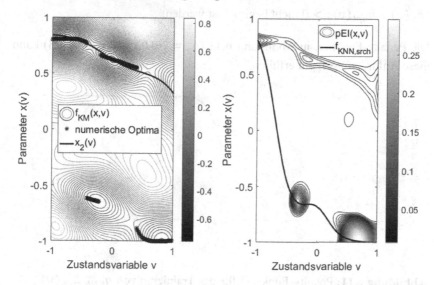

Abbildung 6.10: links – numerische Optima des aktuellen Prozessmodells; rechts – pEI-Wert mit $x_2(v)$ als Optimum-KNN

Der AEI-Wert hat die Gelegenheit, diese Sackgasse zu verlassen. Aus Gl. 6.10 geht hervor, dass bereits ein Penalty-Faktor β_p im AEI-Wert vorhanden ist. Wenn ein Bereich gut gesampelt ist, wird der Penalty-Faktor kleiner und der AEI-Wert wird entsprechend reduziert. Trotzdem wird die Effizienz der adaptiven Versuchsplanung verschlechtert.

Um das Problem zu bewältigen, wird eine Penalty-Funktion ähnlich wie Gl. 6.12 während des Trainieren des Searching-KNN eingesetzt.

$$H_{EI}(v) = h_{EI}(v) \cdot F\left(\frac{\left(h_y(v) - h_{opt}(v)\right) - \mu_p}{\sigma_p}\right) \qquad \text{Gl. 6.12}$$

Bei $\left(h_y(v) - h_{opt}(v)\right) < 0$ ist eine Verbesserung ohne Berücksichtigung der Varianz zu erreichen. D.h. beim Trainieren von $h_{opt}(v)$ ist diese Verbes-

serung bereits bekannt, wird aber vernachlässigt. Deshalb sollen diese Verbesserungspotentiale auch während des Trainierens des Searching-KNN
ausgeschlossen werden. Im Gegensatz dazu sollen die Potentiale bei
$\left(h_y(v) - h_{opt}(v)\right) > 0$ nicht beeinflusst werden.

Die Penalty-Funktion in Abbildung 6.11 ($\mu_p = -0.03$ und $\sigma_p = 0.03$) kann
diese Anforderungen gut erfüllen.

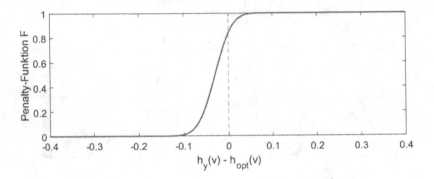

Abbildung 6.11: Penalty-Funktion für das Trainieren von $g_{KNN,srch}(v)$

7 Objektive Bewertungsmodelle

Die eGAA-Methode wird entwickelt, um die Steuerungsqualität der Software-Prototypen zu optimieren. Hierbei stellen sich die Fragen: wie wird die Steuerungsqualität bewertet? Was ist „gute" Qualität?

In diesem Kapitel wird das Bewertungsverfahren der eGAA-Methode vorgestellt. In Abschnitt 7.1 wird diskutiert, welche Bewertungsmethode für die automatische Applikation erforderlich ist. Um die geforderte Methode umzusetzen, wird das Kriging-Bewertungsmodell im Abschnitt 7.2 vorgestellt. Zum Abschluss wird das Kriging-Bewertungsmodell in einem konkreten Anwendungsbeispiel validiert.

7.1 Subjektive und objektive Bewertung

In der Automobilindustrie wird die Steuerungsqualität häufig von Experten auf einer Standard-Skala (bspw. 10-stufigen ATZ-Skala) bewertet. Diese sogenannte subjektive Bewertungsnote wandelt den subjektiven Eindruck in verständliche und vergleichbare Zahlen, welche die menschlichen Präferenzen sehr gut widerspiegeln können. Allerdings stellt diese Bewertung einen sehr hohen Anspruch an die Versuchsexperten. Sie müssen kleinste Unterschiede zwischen den Testergebnissen wahrnehmen. Außerdem müssen sie während des Versuchs konsistent bleiben. In der Praxis unterliegt die subjektive Bewertungsnote unumgänglich der menschlichen Streuung.

In der automatischen Applikation müssen die Testergebnisse durch eine Applikationssoftware automatisch ausgewertet werden. Die Applikationssoftware hat kein subjektives Gefühl und verfügt nur über objektive Kennzahlen, die aus den Messdaten abgeleitet werden wie beispielsweise die Reaktionszeit und der Gradient der Anfahrbeschleunigung in Abbildung 7.1. Jede Kennzahl beschreibt einen Teil der Kundenwünsche und alle Kennzahlen müssen während der Applikation gleichzeitig optimiert werden. Dadurch wird die Applikation in eine multikriterielle Optimierungsaufgabe umgewandelt wie beispielsweise in [14] [18].

© Der/die Autor(en), exklusiv lizenziert durch
Springer Fachmedien Wiesbaden GmbH, ein Teil von Springer Nature 2022
J. Liao, *Generische automatische Applikation für die Vorentwicklung von Hybridgetrieben in Rapid–Prototyping–Umgebung*, Wissenschaftliche Reihe Fahrzeugtechnik Universität Stuttgart, https://doi.org/10.1007/978-3-658-36814-2_7

Bei einer multikriteriellen Optimierung ist das Trade-off zwischen den Kennzahlen von großer Bedeutung. Die richtige Konfiguration der Bevorzugung beim Trade-off erweist sich allerdings erfahrungsgemäß häufig als schwierig. Die menschlichen Präferenzen müssen in mathematische Gleichungen umgewandelt werden, die von der Software erfassbar sind.

Als Beispiel wird die multikriterielle Optimierung mit der gewichteten Summe angeführt. Die Kennzahlen werden unterschiedlich gewichtet und die Summe der gewichteten Kennzahlen wird während der Optimierung minimiert bzw. maximiert. Die Prioritäten der Kennzahlen beim Trade-off werden durch die unterschiedlichen Gewichtungen ermöglicht.

Allerdings stellt die Abstimmung der Gewichtungen eine große Herausforderung für den Benutzer dar. Es gibt keine direkten Zusammenhänge zwischen den Gewichtungen und dem Trade-off während der Optimierung. Die Gewichtungen im Hinblick auf die Kundenrelevanz richtig einzuordnen, garantiert nicht unbedingt eine Lösung, die den Kundenwünschen richtig folgt. Außerdem führt die kontinuierliche Variierung der Gewichtungen nicht zur kontinuierlichen Verteilung der gesuchten Optima. D.h. die Auswirkung der Variierung der Gewichtung ist schwierig vorherzusagen. Um diese Probleme zu minimieren, wurden mehrere Methoden entwickelt [R. Marler]. Allerdings fordern alle diese Methoden eine gute Kombination aus den Kenntnissen über die Optimierungsmethode und den Kenntnissen über die Kundenwünsche.

Mit der Entwicklung der Metamodellierungstechnik kommen heutzutage die Metamodell-basierten Bewertungsmethoden verstärkt zum Einsatz. Die grundlegende Idee dieser Methoden besteht darin, die Korrelation zwischen den objektiven Kennzahlen und den subjektiven Bewertungsnoten durch ein Metamodell, welches als Bewertungsmodell bezeichnet wird, nachzubilden wie in Abbildung 7.1 gezeigt.

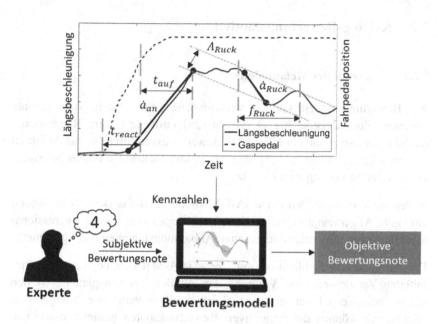

Abbildung 7.1: Metamodell-basierte Bewertungsmethode

Beim Trainieren des Bewertungsmodells werden die objektiven Kennzahlen als Eingangswerte und die subjektiven Bewertungsnoten als Zielausgangswerte verwendet. Nach dem Trainieren kann das Bewertungsmodell anhand der objektiven Kennzahlen die subjektive Bewertungsnote vorhersagen. Die vorhersagte Bewertungsnote wird als objektive Bewertungsnote bezeichnet.

Während des Trainierens kann das Bewertungsmodell die implizierten menschlichen Präferenzen, die in den Bewertungsnoten enthalten sind, eigenständig lernen, ohne Vorkenntnisse vom Benutzer zu erfordern. Dadurch wird die Anforderung an die Benutzer deutlich reduziert.

Außerdem wird die unvermeidbare menschliche Streuung in den subjektiven Bewertungsnoten beim Trainieren durch die Regressionsfähigkeit des Bewertungsmodells eliminiert. Dadurch kann die objektive Bewertungsnote die Kundenwünsche sehr gut widerspiegeln.

Ein weiterer Vorteil der objektiven Bewertungsverfahren besteht darin, dass die Bewertung hohe Reproduzierbarkeit aufweist.

7.2 Kriging-Bewertungsmodell

7.2.1 Auswahl des Metamodells

Als Bewertungsmodell können verschiedene Metamodelle zum Einsatz kommen. Zum Beispiel hat *D. Simon* [26] einfache lineare Regressionsmodelle eingesetzt, um ein effizientes Bewertungsverfahren für das Anfahren zu entwickeln. *J. Birkhold* [27] brachte ein künstliches neuronales Netzwerk zur Komfortbewertung zum Einsatz.

In den Anwendungsfällen der eGAA-Methode muss das Bewertungsmodell eine gute Allgemeingültigkeit besitzen. Deswegen sind lineare Regressionsmodelle wegen ihrer relativ schwachen Anpassungsfähigkeit nicht geeignet.

Die automatische Applikation mit der eGAA-Methode beginnt mit einer initialen Versuchsplanung. Während der initialen Versuchsplanung werden die im zulässigen Parameterraum gleichverteilten Parametersätze getestet. Gleichzeitig können die subjektiven Bewertungsnoten gesammelt werden. Wenn das Bewertungsmodell mit den gesammelten Daten aus der initialen Versuchsplanung gut trainiert werden kann, erfordert der Einsatz des Bewertungsmodells keine zusätzlichen Testdaten. Der zusätzliche Aufwand zum Trainieren des Bewertungsmodells ist geringfügig im Vergleich zum Aufwand der Datensammlung. Dadurch wird die Effizienz der Applikation nicht vermindert.

Der Vergleich in Kapitel 4.4 zeigt, dass das KNN im Vergleich zum Kriging-Modell mehr Testdaten beim Trainieren benötigt. Bei wenigen verfügbaren Testdaten weist das Kriging-Modell eine bessere Performance als das KNN auf. Deswegen wird das Kriging-Modell in der eGAA-Methode als Bewertungsmodell bevorzugt.

7.2.2 Hilfspunkte für die Extrapolation

Es muss festgehalten werden, dass das Kriging-Modell nur bei der Interpolation hervorragende Leistung erreichen kann. Bei der Extrapolation kann das Kriging-Modell mitunter keine plausible Vorhersage ausgeben, insbesondere wenn der vorherzusagende Versuchspunkt sehr weit entfernt von den bekannten Datenpunkten liegt. Während der initialen Versuchsplanung ist es

unwahrscheinlich, dass extrem gute und extrem schlechte Ergebnisse auftreten. Im extremen Fall, speziell bei extrem schlechten Ergebnissen, können
die Kennzahlen wie beispielsweise die Summe der quadratischen Abweichung, sehr weit von den bekannten Testdatenpunkten abweichen. In dieser
Situation bewertet das Kriging-Modell die Testergebnisse mit hoher Wahrscheinlichkeit falsch wie in Abbildung 7.2 links gezeigt.

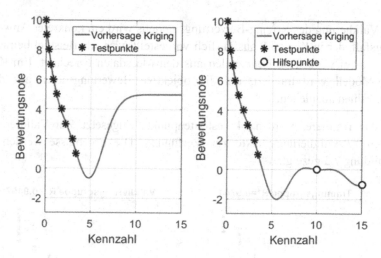

Abbildung 7.2: Hilfspunkte für das Trainieren des Bewertungsmodells

In diesem Beispiel wird die Bewertungsnote auf Basis der quadratisch verteilten Kennzahl auf einer 10-stufigen Skala (von 1 bis 10) vergeben. Je kleiner die Kennzahl ist, desto besser wird das Ergebnis bewertet und desto höher ist die Bewertungsnote. Die Kennzahlen der Testpunkte variieren von 0
bis knapp 4. Das trainierte Bewertungsmodell kann die Note innerhalb dieses
Intervalls sehr gut vorhersagen. Wenn die Kennzahl viel größer ist, bewertet
das Bewertungsmodell ein extrem schlechtes Ergebnis als akzeptabel (mittlere Bewertungsnote). Eine solche falsche Bewertung kann die Genauigkeit
des Prozessmodells beeinträchtigen und zu falschen Entscheidungen in der
adaptiven Versuchsplanung führen.

Um diese ungenaue Extrapolation zu vermeiden, können einige Hilfsdaten-
punkte in den Trainingsdatensatz eingefügt werden. Im Beispiel in
Abbildung 7.2 rechts werden zwei Hilfspunkte hinzugefügt, welche die
extrem schlechten Ergebnisse repräsentieren und Bewertungsnoten außerhalb

der Skala (0 und -1) aufweisen. Dadurch kann das Bewertungsmodell die schlechten Ergebnisse richtig erkennen.

7.3 Validierung des Kriging-Bewertungsmodells

Zur Validierung des Kriging-Bewertungsmodells wird ein konkreter Anwendungsfall, der in Kapitel 8 ausführlich vorgestellt wird, als Beispiel betrachtet. Hierbei werden 12 Kennzahlen aus den Messdaten berechnet. Ein Kriging-Modell wird trainiert, um die objektive Bewertungsnoten aus den Kennzahlen abzuleiten.

Für das Trainieren werden 84 Testdatenpunkte eingesetzt. Zur Validierung stehen 77 Validierungspunkte zur Verfügung. Die Ergebnisse werden in Abbildung 7.3 gezeigt.

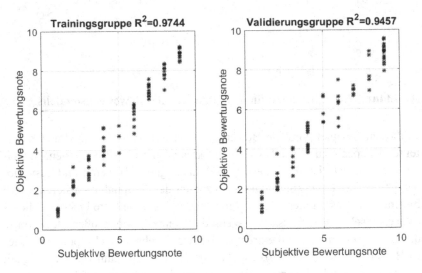

Abbildung 7.3: Validierungsergebnisse des Kriging-Modells als Bewertungsmodell

Die objektive Bewertungsnote weist eine sehr gute Korrelation zur subjektiven Bewertungsnote auf. Das Bestimmtheitsmaß R^2 für die Validierungsgruppe beträgt 0.9457.

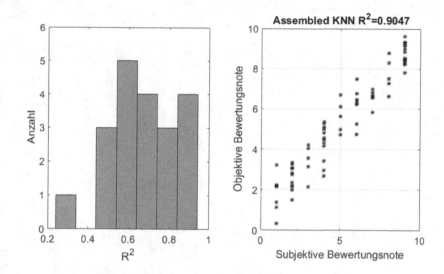

Abbildung 7.4: Validierungsergebnisse vom KNN als Bewertungsmodell

Zum Vergleich wird ein KNN mit denselben Daten trainiert. Nach dem Trainieren mit der Hold-Out-Methode sind die Trainingsergebnisse nicht stabil. Um die Stabilität der Trainingsergebnisse zu untersuchen wird das Trainieren mit der Hold-Out-Methode 20-malig wiederholt. Die Verteilung des Bestimmtheitsmaßes der 20 trainierten KNNs wird durch das Histogramm in Abbildung 7.4 links aufgezeigt. Eine Maßnahme zur Erhöhung der Vorhersagegenauigkeit ist, den Mittelwert der Vorhersagen von allen 20 trainierten KNNs als Modellvorhersage einzusetzen (sog. Assembled KNN). Das macht das Trainieren relativ aufwändiger und zeigt keine bessere Leistung als das Kriging-Modell wie Abbildung 7.4 rechts aufgezeigt ($R^2_{Assembled} = 0.9047 < R^2_{Kriging} = 0.9457$)

8 Anwendung der Applikationsmethode

Im Folgenden wird der oben beschriebene Applikationsprozess auf ein reales Versuchsfahrzeug mit einem Hybridgetriebekonzept angewendet, um die Leistungsfähigkeit der Methode in der Rapid-Prototyping-Umgebung zu validieren.

Bei der Validierung wird die Softwarefunktion für eine neue Funktionalität des Hybridgetriebekonzepts, das Electrical Variable Transmission Starting (EVTS), durch die eGAA-Methode appliziert. Das zu applizierende System und die Umgebung für die Rapid-Prototyping-Vorentwicklung sowie die Implementierung der eGAA-Methode in dieser Umgebung werden in Abschnitt 8.1 beschrieben. Dann werden in Abschnitt 8.2 zwei Testszenarien vorgestellt.

8.1 Versuchsaufbau

8.1.1 Hybridgetriebekonzept mit Electrical Variable Transmission Starting

Während des EVTS -Vorganges lässt sich das Hybridgetriebekonzept in die schematische Darstellung in Abbildung 8.1 simplifizieren. Über einen Planetensatz werden der Verbrennungsmotor und der Elektromotor mit der Abtriebswelle verbunden. Während des Anfahrens verfügt das System über zwei Freiheitsgrade.

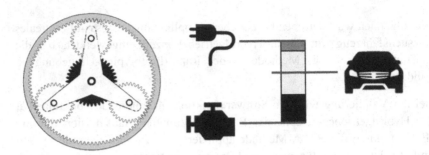

Abbildung 8.1: Schematische Darstellung des Hybridgetriebes beim Anfahren

Um eine hohe Anfahrbeschleunigung zu ermöglichen, werden der Verbrennungsmotor und der Elektromotor gleichzeitig betrieben. Die Drehmomente
beider Motoren werden durch den Planentensatz addiert. Während des Anfahrens werden die Drehzahlen der drei Wellen des Planetensatzes synchro-
nisiert. Nach der Synchronisation wird der Planetensatz durch eine Kupplung
überbrückt und das System geht in einen Festgang über. Der schematische
Ablauf des Anfahrvorgangs wird in Abbildung 8.2 dargestellt.

Ein derartiger Anfahrvorgang erfordert eine sehr gute Koordination der abgegebenen Drehmomente zwischen den beiden Momentenquellen. Die Mo-
mentenansteuerung muss nicht nur die vom Fahrer erwünschte Beschleuni-
gung möglichst schnell aufbauen, sondern auch die Synchronisation der
Drehzahlen realisieren. Dies stellt hohe Anforderungen an die Steuerungssoftware. Eine zufriedenstellende Steuerungsqualität ist nur durch gute Applikation realisierbar.

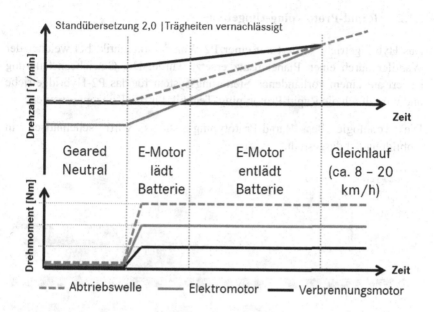

Abbildung 8.2: Schematischer Ablauf des Anfahrvorgangs

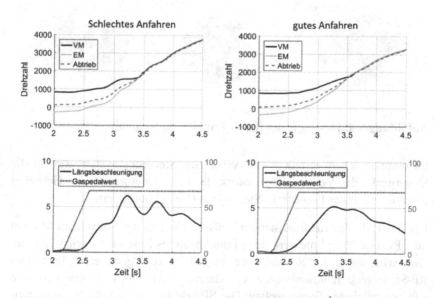

Abbildung 8.3: Zwei unterschiedlich applizierte EVTS-Vorgänge bei identischer Fahrervorgabe

8.1.2   Rapid-Prototyping-Umgebung

Das Hybridgetriebe basiert auf einer P2-Wandlerautomatik, bei welcher der Wandler durch einen Planetensatz ersetzt wurde. Die Getriebeansteuerung basiert auf einem vorhandenen Steuerungssystem für das P2-Hybridgetriebe und wird durch die Rapid-Prototyping-Technik für das Konzept erweitert.

Die Topologie des Rapid-Prototyping-Systems wird schematisch in Abbildung 8.4 dargestellt.

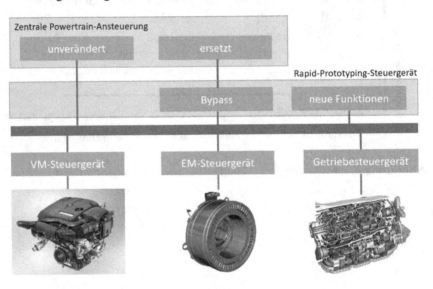

Abbildung 8.4: Topologie des Rapid-Prototyping-Systems

Im ursprünglichen verteilten und vernetzten Steuerungssystem werden die Steuergeräte des Verbrennungsmotors, des Elektromotors und des Getriebes durch ein zentrales Powertrain-Steuergerät (CPC) koordiniert.

Um das Hybridgetriebe zu steuern, müssen ein Teil der Softwarefunktionen im CPC ersetzt und mehrere neue Funktionen ins System integriert werden. Dies wird durch ein Rapid-Prototyping (RP)-Steuergerät ermöglicht. Das RP-Steuergerät funktioniert wie ein Gateway zwischen CPC und den vom CPC koordinierten Steuergeräten. Die Signale für die unveränderten Funktionen des CPC werden durch das RP-Steuergerät direkt weitergeleitet. Die restlichen Signale werden durch die im RP-Steuergerät neu berechneten Signale ersetzt. Außerdem werden die neuen Softwarefunktionen direkt im RP-Steuergerät in Betrieb genommen. Auf diese Weise wird eine Rapid-Prototyping-Umgebung für die neue Softwarefunktion einfach aufgebaut, ohne den Seriencode in den eingesetzten Seriensteuergeräten zu ändern.

Als RP-Steuergerät steht eine dSpace MicroAutoBox II (MABx) zur Verfügung. Die MABx verfügt über Schnittstellen für die Messung, Applikation und Diagnose. Damit ist die Implementierung der eGAA-Methode realisierbar.

8.1.3   Implementierung der eGAA-Methode

Bezüglich der Rechenleistung des RP-Steuergeräts ist das Trainieren des Kriging-Modells und der KNNs in der Applikation mit der eGAA-Methode viel zu zeitaufwändig. Es ist unmöglich und nicht notwendig, die eGAA-Methode onboard echtzeitigfähig zu implementieren.

In Abbildung 8.5 wird gezeigt, wie die eGAA-Methode in die Rapid-Prototyping-Umgebung implementiert wird. Alle Berechnungen der automatischen Applikation befinden sich in einer Applikationsumgebung, die auf einem Laptop aufgebaut wird und parallel zur Echtzeit-Umgebung läuft. In der Applikationsumgebung gibt es keine Echtzeitanforderung und es steht ausreichend Rechenleistung für die eGAA-Methode zur Verfügung.

Die Schnittstelle zwischen der Applikationsumgebung und der Echtzeit-Umgebung bildet die Software dSpace Control Desk, welche über XCP auf die Messdaten zugreift und die Parameter im RP-Steuergerät während der Laufzeit verstellen kann.

Als Master der Applikationsumgebung fungiert die eGAA-Software, die in Matlab-Code programmiert wird. Über die integrierte ControlDesk-Matlab-API kann die eGAA-Software die Messdaten von ControlDesk erhalten und die zu verstellenden Parameter und Abhängigkeitsfunktionen zurückschicken. Dadurch wird der gesamte Applikationsprozess von der eGAA-Software gesteuert.

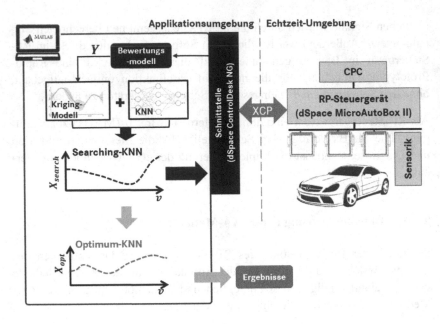

Abbildung 8.5: Implementierung der eGAA-Methode in der Rapid-Prototyping-Umgebung

Über die Benutzerschnittstelle in Matlab kann der Benutzer die Applikation starten und stoppen, sich über den aktuellen Zustand informieren und die subjektive Bewertungsnote während der initialen Versuchsplanung vergeben.

8.1.4 Versuchsablauf

In der automatischen Applikation wird der Anfahrvorgang mit EVTS-Funktion wiederholt und appliziert. Vor dem jeweiligen Anfahrvorgang werden die zu applizierenden Parameter und Abhängigkeitsfunktionen im RP-Steuergerät von der eGAA-Software verstellt.

Um die Reproduzierbarkeit zu erhöhen, wird das Signal des Fahrpedalwertes während des Anfahrens im Versuch durch das RP-Steuergerät manipuliert. Das Signal vom Fahrpedalsensor wird vom CPC eingelesen und zum RP-Steuergerät weitergeleitet. Im RP-Steuergerät dient dieses Signal nur als „Startschuss". Der in der nachfolgenden Berechnung verwendete Fahrpedalwertverlauf wird vom RP-Steuergerät nach einem vordefinierten Plan generiert. D.h. der Verlauf ist unabhängig von der Fahrereingabe. Dadurch werden Störungen durch den Fahrer eliminiert wie beispielsweise das unerwünschte Freigeben oder die Zustellung des Fahrpedals aufgrund der Fahrzeugbeschleunigung.

Nach dem Anfahren kann der Benutzer beurteilen, ob der Anfahrvorgang richtig durchgeführt wurde. Bei einem fehlerhaften Anfahrversuch kann der Benutzer die eGAA-Software auf den Zustand vor diesem Anfahrvorgang zurücksetzen und die Messdaten werden nicht gespeichert. Bei einem erfolgreichen Anfahrversuch werden die Messdaten in die Applikationsumgebung übertragen und dort die entsprechenden Kennzahlen berechnet.

In der initialen Versuchsplanung, wenn das Bewertungsmodell noch nicht vorhanden ist, kann der Benutzer die subjektive Bewertungsnote nach jedem Anfahren eingeben. Die Anfahrqualität wird auf einer 10-stufigen Skala (1 bis 10) bewertet, wobei 1 inakzeptabel bedeutet und 10 hervorragend. Nachdem die neu gewonnenen Daten in Matlab gespeichert sind, verstellt die eGAA-Software die Parameter für das nächste Anfahren entsprechend des Versuchsplans.

Nach der initialen Versuchsplanung wird das Bewertungsmodell aus den gespeicherten Daten generiert. Alle Anfahrvorgänge, die in der initialen Versuchsplanung durchgeführt wurden, werden durch das Bewertungsmodell ausgewertet. In der nachfolgenden adaptiven Versuchsplanung werden die objektiven Bewertungsnoten verwendet.

In der adaptiven Versuchsplanung werden die neu ermittelten Kennzahlen durch das Bewertungsmodell in die objektive Bewertungsnote umgerechnet. Danach startet die eGAA-Software den in dieser Arbeit vorgestellten Prozess der adaptiven Versuchsplanung, um die Parameter und Abhängigkeitsfunktionen für die nächste Probe zu berechnen.

8.2 Versuchsszenarien

Um die Potentiale der eGAA-Methode in der Vorentwicklung zu bewerten, werden zwei typische Anwendungssituationen in der Versuchsumgebung nachgebildet.

Die erste Situation ist die Applikation einer Steuerungssoftware, die noch fehlerhaft ist oder noch große Verbesserungspotentiale hat. In der Vorentwicklung wird die zu entwickelnde Software häufig bereits getestet und appliziert, bevor sie den optimalen Zustand erreicht hat. Die Softwareentwickler können dadurch versteckte Fehler frühzeitig erkennen oder Kenntnisse über das System für die weitere Verbesserung sammeln.

Im ersten Versuchsszenario wird eine fehlerhafte Steuerungssoftware für den EVTS-Vorgang eingesetzt. Wegen der Fehler reagiert die Steuerungsqualität sehr empfindlich auf zufällige Störungen. Infolgedessen kann die Steuerungssoftware keine stabile Steuerungsqualität erreichen.

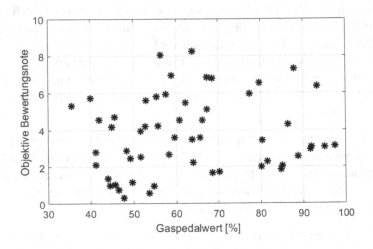

Abbildung 8.6: Instabile Steuerungsqualität mit fehlerhafter Software

In Abbildung 8.6 wird die Anfahrqualität von 53 Anfahrten mit der fehlerhaften Software gezeigt. Die objektiven Bewertungsnoten variieren im Bereich von 0 bis 8 ohne erkennbares Muster.

Angenommen wird, dass die Ursache der Instabiltät für den Softwareentwickler unbekannt ist und er durch Applikation die Stabilität verbessern will. Dafür werden zwei Parameter in Abhängigkeit des Fahrpedalwerts appliziert, es wird also eine Applikation von zwei Abhängigkeitsfunktionen durchgeführt.

Die zweite typische Situation besteht darin, mehrere Abhängigkeitsfunktionen gleichzeitig applizieren zu müssen. In der Vorentwicklungsphase stehen häufig keine ausreichenden Vorkenntnisse zur Verfügung. Welche Parameter entscheidend für die Steuerungsqualität sind, ist zu Beginn dieser Phase unklar. Aus diesem Grund müssen mehrere als relevant angesehene Parameter gleichzeitig appliziert werden. In diesem Szenario wird eine fehlerfreie Software eingesetzt und es werden sechs Parameter in Abhängigkeit des Fahrpedalwerts optimiert.

8.3 Applikationsergebnisse

8.3.1 Applikation der fehlerhaften Software

In diesem Versuchsszenario stellt die Instabilität der Steuerungsqualität eine große Herausforderung für die eGAA-Methode dar. In der initialen Versuchsplanung werden 84 Parametersätze getestet und in der adaptiven Versuchsplanung werden 53 Applikationsiterationen durchgeführt. Die Applikation dauert insgesamt ca. zwei Stunden.

Die applizierten Abhängigkeitsfunktionen werden dann verifiziert. Zum Vergleich wird ein konstanter Parametersatz, der innerhalb zwei Stunden manuell appliziert wird, unter denselben Bedingungen verifiziert.

In Abbildung 8.7 werden die Verifikationsergebnisse je nach Fahrpedalposition in fünf Gruppen unterteilt, um die Ergebnisse aus der statistischen Sicht darzustellen.

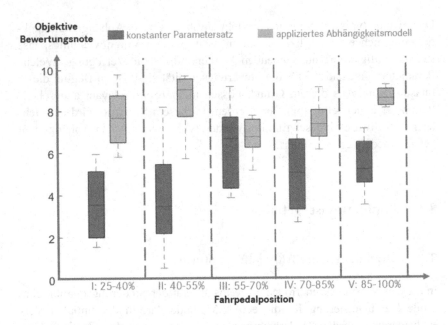

Abbildung 8.7: Vergleich der Anfahrqualität des konstanten Parametersatzes
und der applizierten Abhängigkeitsfunktion

Wegen der Instabilität sind die Zusammenhänge zwischen den Parametern
und der Anfahrqualität für den Applikationsingenieur sehr schwer zu verste-
hen. Die manuelle Applikation hat keine befriedigenden Ergebnisse erreicht.

Im Vergleich dazu kann die eGAA-Methode trotz der Streuung die dahinter-
liegenden Zusammenhänge richtig erkennen und die optimale Lösung effizient herausfinden. In allen Gruppen weisen die applizierten Abhängigkeitsfunktionen gute Bewertungsnoten auf. Außerdem ist die Instabilität der Anfahrqualität deutlich reduziert, kann aber wegen der Fehler in der Software
nicht eliminiert werden, speziell in den Gruppen mit niedriger Fahrpedalposition. Den Ergebnissen lässt sich entnehmen, dass noch Verbesserungspotentiale in der Software vorhanden sind, was ein wichtiger Hinweis für die
Softwareentwickler ist.

8.3.2 Applikation mehrerer Abhängigkeitsfunktionen

Um sechs Abhängigkeitsfunktionen gleichzeitig zu optimieren, werden 120 Versuchsproben in der initialen Versuchsplanung und 43 Versuchsproben in der adaptiven Versuchsplanung durchgeführt.

In Abbildung 8.8 sind die Verifizierungsergebnisse gezeigt. Allein mit den Daten, die in der initialen Versuchsplanung gesammelt werden, kann die eGAA-Methode die Bewertungsnote noch nicht genau vorhersagen (rote Punkte). Die vorhersagten optimalen Abhängigkeitsfunktionen erzielen nur in begrenzten Intervallen der Fahrpedalposition (50-60 % und 80-100 %) befriedigende Ergebnisse.

Nach der adaptiven Versuchsplanung hat die eGAA-Methode die Vorhersagegenauigkeit deutlich erhöht. Die applizierten Abhängigkeitsfunktionen können über den gesamten Bereich der Fahrpedalposition eine gute und stabile Anfahrqualität erreichen (blaue Punkte).

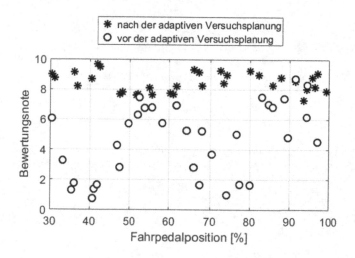

Abbildung 8.8: Verifizierungsergebnisse der applizierten Abhängigkeitsfunktionen

9 Schlussfolgerung und Ausblick

In der Softwareentwicklung mithilfe der Rapid-Prototyping-Technologie stellt die Applikation eine große Herausforderung dar. Die intuitive und erfahrungsbasierte manuelle Applikation durch Applikationsingenieure kann die Anforderung an Effizienz in der Vorentwicklungsphase nicht zufriedenstellend erfüllen, speziell wenn keine ausreichenden Vorkenntnisse vorhanden sind. Die vorliegende Arbeit leistet dazu durch Entwicklung der generischen automatischen Applikationsmethode eGAA einen Beitrag.

Die eGAA- Methode erreicht eine hohe Allgemeingültigkeit durch Machine-Learning-Technologie. Ein Kriging-Modell wird zum Einsatz gebracht und erwirbt die Kenntnisse über das zu applizierende System während der Applikation. Dadurch befreit sich die eGAA-Methode vom Bedarf an Vorkenntnissen und kann für verschiedene Applikationsaufgaben universell eingesetzt werden.

Mit den erworbenen Kenntnissen kann das Kriging-Modell die Versuchsergebnisse mit unbekannten Parametern vorhersagen und damit die Applikation immer zielorientierter steuern. Dadurch wird eine effiziente Applikation ermöglicht. Die robuste Konvergenz zum globalen Optimum wird realisiert durch die Berücksichtigung der Unsicherheit der Vorhersage, die vom Kriging-Modell abgeschätzt wird.

Um die Anwendung in der Vorentwicklung besser zu unterstützen, wird die eGAA-Methode für die Applikation von Abhängigkeitsfunktionen erweitert. Durch den Einsatz künstlicher neuronaler Netze ist die Methode in der Lage, beliebige Kennlinien oder Kennfelder in hochflexiblen Formen automatisch zu optimieren.

Die eGAA-Methode wurde in der Vorentwicklung eines Hybridantriebskonzepts angewendet. Hierfür wurden relevante Kennlinien durch die eGAA-Methode ohne vorgegebenen Kenntnisse optimiert. Das Ergebnis der automatischen Optimierung im Fahrversuch waren Anfahrvorgänge, welche eine ausgezeichnete und stabile Anfahrqualität bei allen Betriebspunkten aufweisen.

© Der/die Autor(en), exklusiv lizenziert durch
Springer Fachmedien Wiesbaden GmbH, ein Teil von Springer Nature 2022
J. Liao, *Generische automatische Applikation für die Vorentwicklung von Hybridgetrieben in Rapid–Prototyping–Umgebung*, Wissenschaftliche Reihe Fahrzeugtechnik Universität Stuttgart, https://doi.org/10.1007/978-3-658-36814-2_9

Die größten zukünftigen Herausforderungen der eGAA-Methode beim Einsatz in hochkomplizierten Applikationsaufgaben bestehen in zwei Aspekten. Der erste Aspekt ist die Sicherstellung der Robustheit der Applikation von Abhängigkeitsfunktionen, wenn die zu applizierenden Abhängigkeiten keine kontinuierlichen Optima besitzen (siehe Beispiel in Kapitel 6.3). Durch den Einsatz von Penalty-Funktionen kann die Robustheit der Applikation deutlich erhöht werden. Allerdings sind die Gewährleistung der Konvergenz nach den erwünschten Optima sowie die Allgemeingültigkeit in Zukunft weiter zu untersuchen.

Der zweite Aspekt besteht in der Beibehaltung der Effizienz trotz des mit der Aufgabenkomplexität steigenden Rechenaufwands. Der Rechenaufwand, speziell die Rechenzeit des Kriging-Modells, steigt dramatisch mit der vorhandenen Datenmenge. Wenn eine Applikationsaufgabe extrem kompliziert ist, kann sie eine große Menge an Testdaten erfordern. In dieser Situation verliert die eGAA-Methode an Effizienz. Zu Vermeidung dieses Effizienzverlusts können zusätzliche Methoden zum Einsatz gebracht werden, um eine komplizierte Aufgabe aufzuteilen oder zu simplifizieren. So kann beispielsweise eine vorgelagerte Sensitivitätsanalyse die relevanten Parameter identifizieren, wodurch die restlichen Parameter in der Applikation vernachlässigt werden können.

Literaturverzeichnis

[1] McKinsey, A.R.F., „EVolution Electric Vehicles in Europe: Gearing up for a New Phase," Amsterdam Roundtable Foundation and McKinsey & Company, Netherlands, 2014.

[2] P. Hofmann, Hybridfahrzeuge: Ein alternatives Antriebskonzept für die Zukunft, Springer-Verlag, 2011.

[3] J. Schäuffele und T. Zurawka, Automotive Software Engineering, Springer, 2010.

[4] T. Klein, M. Conrad, I. Fey und M. Grochtmann, „Modellbasierte Entwicklung eingebetteter Fahrzeugsoftware bei Daimler-Chrysler," *Modellierung 2004,* 2004.

[5] X. Mosquet, M. Russo, K. Wagner, H. Zablit und A. Arora, „Accelerating Innovation New Challenges for Automakers," The Boston Consulting Group, 2014.

[6] M. Cabrera Cano, Neuronale Netze mit externen Laguerre-Filtern zur automatischen numerischen Vereinfachung von Getriebemodellen, KIT Scientific Publishing, 2017.

[7] B. Biemond, Nonsmooth dynamical systems bifurcations of discontinuous systems, 2013.

[8] M. Vogel, „Trends bei der Steuergeräte-Applikation," *HANSER automotive,* pp. 48-51, 11-12 2015.

[9] T. Naumann, Wissensbasierte Optimierungsstrategien für elektronische Steuergeräte an Common-Rail-Dieselmotoren, 2002.

[10] A. Hagerodt, Automatisierte Optimierung des Schaltkomforts von Automatikgetrieben, Shaker, 2003.

© Der/die Herausgeber bzw. der/die Autor(en), exklusiv lizenziert durch
Springer Fachmedien Wiesbaden GmbH, ein Teil von Springer Nature 2022
J. Liao, *Generische automatische Applikation für die Vorentwicklung von*
Hybridgetrieben in Rapid–Prototyping–Umgebung, Wissenschaftliche Reihe
Fahrzeugtechnik Universität Stuttgart, https://doi.org/10.1007/978-3-658-36814-2

[11] C. Körtgen, A. Kramer, G. Jacobs und G. Morandi, „Automatische Kalibrierung der Getriebesteuerung eines Traktors," *ATZoffhighway,* pp. 18-23, 2 11 2018.

[12] H. Huang, Model-based Calibration of Automated Transmissions, Universitätsverlag der TU Berlin.

[13] T. Henn, „Methodenentwicklung zur modellbasierten Applikation von Fahrdynamikregelsystemen am Beispiel der adaptiven Dämpfung," in *Entscheidungen beim Übergang in die Elektromobilität,* Springer, 2015, pp. 239-251.

[14] M. Hafner, „Effiziente Applikation der Motorsteuerung mit dynamischen Modellen," *at–Automatisierungstechnik,* pp. 213-220, 2003.

[15] F. Küçükay, T. Kassel, G. Alvermann und T. Gartung, „Effiziente Abstimmung von automatisch schaltenden Getrie ben auf dem Rollenprüfstand," *ATZ-Automobiltechnische Zeitschrift,* pp. 216-223, 2009.

[16] D. R. Jones, M. Schonlau und J. William, „Efficient Global Optimization of Expensive Black-Box Functions," *Journal of Global optimization,* pp. 455-492, 1998.

[17] V. Picheny, T. Wagner und D. Ginsbourger, „A benchmark of kriging-based infill criteria for noisy optimization," *Structural and Multidisciplinary Optimization,* pp. 607-626, 2013.

[18] S. Kahlbau, Mehrkriterielle Optimierung des Schaltablaufs von Automatikgetrieben, 2013.

[19] C. E. Rasmussen und C. K. I. Williams, Gaussian Processes for Machine Learning, MIT Press, 2006.

[20] S. Sundararajan und S. S. Keerthi, „Predictive Approaches for Choosing Hyperparameters in Gaussian processes," *Neural Computation,* pp. 1103-1118, 2001.

[21] G. Wahba, Spline Models for Observational Data, siam, 1990.

[22] A. I. J. Forrester, A. Sobester und A. J. Keane, Engineering Design via Surrogate Modelling, John Wiley & Sons, Ltd, 2008.

[23] E. Vazquez, J. Villemonteix und M. Sidorkiewicz, „Global optimization based on noisy evaluations : an empirical study of two statistical approaches," *Journal of Global Optimization,* pp. 373-389, 2008.

[24] D. Huang, T. T. Allen, W. I. Notz und N. Zeng, „Global optimization of stochastic black-box systems via sequential kriging meta-models," *Journal of Global Optimization,* pp. 441-466, 2006.

[25] E. G. Carrano, R. H. C. Takahashi und R. R. Saldanha, „Optimal substation location and energy distribution network design using a hybrid GA-BFGS algorithm," *IEE Proceedings-Generation, Transmission and Distribution,* pp. 919-926, 2005.

[26] D. Simon, Entwicklung eines effizienten Verfahrens zur Bewertung des Anfahrverhaltens von Fahrzeugen, Doktorarbeit, Universität Rostock, 2010.

[27] J.-m. Birkhold, Komfortobjektivierung und funktionale Bewertung als Methoden zur Unterstützung der Entwicklung des Wiederstartsystems in parallelen Hybridantrieben, Inst. für Produktentwicklung, 2013.

[28] H. Li, L. Gutierrez, M. Kobayashi, O. Kuwazuru, H. Toda und R. Batres, „A Numerical Evaluation of an Infill Sampling Criterion in Artificial Neural Network-Based Optimization," *International Journal of Computer Theory and Engineering,* pp. 272-277, 6 2014.

[29] A. Basudhar, C. Dribusch, S. Lacaze und S. Missoum, „Constrained efficient global optimization with support vector machines," *Structural and Multidisciplinary Optimization,* pp. 201-221, 46(2) 2012.

[30] J. Sacks, W. J. Welch, T. J. Mitchell und H. P. Wynn, „Design and analysis of computer experiments," *Statistical science,* pp. 409-423, 1989.

[31] F. A. Viana, R. T. Haftka und L. T. Watson, „Efficient global optimization algorithm assisted by multiple surrogate techniques," *Journal of Global Optimization,* pp. 669-689, 56(2) 2013.

[32] M. Amine Bouhlel, N. Bartoli, R. G. Regis, A. Otsmane und J. Morlier, „Efficient global optimization for high-dimensional constrained problems by using the Kriging models combined with the partial least squares method," *Engineering Optimization,* pp. 2038-2053, 50(12) 2018.

[33] P. Koch, T. Wagner, M. T. Emmerich, T. Bäck und W. Konen, „Efficient multi-criteria optimization on noisy machine learning problems," *Applied Soft Computing,* pp. 357-370, 29, 2015.

[34] M. Kanazaki, T. Imamura, T. Matsuno und K. Chiba, „Multiple Additional Sampling by Expected Improvement Maximization in Efficient Global Optimization for Real-World Design Problems," in *Intelligent and Evolutionary Systems,* Cham, Springer, 2017, pp. 183-194.

[35] T. Wagner, M. Emmerich, A. Deutz und W. Ponweiser, „On expected-improvement criteria for model-based multi-objective optimization," in *International Conference on Parallel Problem Solving from Nature,* Berlin, Heidelberg, 2010.

[36] I. Y. Kim und O. L. de Weck, „Adaptive weighted-sum method for bi-objective optimization: Pareto front generation," *Structural and multidisciplinary optimization,* pp. 149-158, 29(2), 2005.

[37] R. T. Marler und J. S. Arora, „Survey of multi-objective optimization methods for engineering," *Structural and multidisciplinary optimization,* pp. 369-395, 26(6), 2005.

[38] M. Asim, W. K. Mashwani, M. A. Jan und J. Ali, „Derivative Based Hybrid Genetic Algorithm : A Preliminary Experimental Results," *Punjab University Journal of Mathematics,* pp. 89-99, 49(2), 2017.

[39] J. M. Birkhold, Komfortobjektivierung und funktionale Bewertung als Methoden zur Unterstützung der Entwicklung des Wiederstartsystems in parallelen Hybridantrieben, IPEK, Inst. für Produktentwicklung, KIT, 2013.

[40] H. C. Reuss, J. Liao, C. Gitt und J. Schröder, „Effiziente automatische Applikation in der Rapid-Prototyping-Softwareentwicklung,“ *ATZelektronik*, pp. 54-59, Juni 2019.

[41] M. Locatelli, „Bayesian algorithms for one-dimensional global optimization,“ *Journal of Global Optimization*, pp. 57-76, 10 1997.

[42] S. D. Tajbakhsh, E. del Castillo und J. L. Rosenberger, A fully Bayesian approach to the efficient global optimization algorithm, Pennsylvania State University, 2013.

[43] A. I. Forrester und A. J. Keane, „Recent advances in surrogate-based optimization,“ *Progress in aerospace sciences*, pp. 50-79, 45(1-3), 2009.

[44] W. R. Mebane Jr und J. S. Sekhon, „Genetic optimization using derivatives: the rgenoud package for R,“ *Journal of Statistical Software*, pp. 1-26, 2011.

[45] H. Proff, M. Brand, K. Mehnert, A. Schmidt und D. Schramm, Elektrofahrzeuge für die Städte von morgen, Springer, 2016.

Printed in the United States
by Baker & Taylor Publisher Services